培肥土壤

轻松种田一本通

叶优良　黄玉芳　张志华　主编

U0288610

化学工业出版社

·北京·

内容简介

《培肥土壤 ——轻松种田一本通》围绕"土壤-施肥"这一主题,从农业生产中存在的土壤肥料问题展开,讲述了土壤是什么,植物需要哪些养分,什么是化肥,为什么要施肥,以及如何施肥等内容,对科学认识土壤和肥料做了系统论述,强调了科学施用化肥的重要性。

《培肥土壤——轻松种田一本通》以科普读物的形式呈现,通过科学、易懂的语言让广大农业生产一线的读者对化肥有正确的认识,了解农业生产实践中存在的土壤肥料问题,明白如何科学选择和施用化肥。

图书在版编目(CIP)数据

培肥土壤:轻松种田一本通/叶优良,黄玉芳,张志华主编. —北京:化学工业出版社,2024.2
ISBN 978-7-122-45080-7

Ⅰ.①培… Ⅱ.①叶… ②黄… ③张… Ⅲ.①土壤肥力②施肥 Ⅳ.①S158②S147.2

中国国家版本馆 CIP 数据核字(2024)第 005703 号

责任编辑:李建丽　　　　　　文字编辑:朱雪蕊
责任校对:宋　夏　　　　　　装帧设计:张　辉

出版发行　化学工业出版社
　　　　　(北京市东城区青年湖南街 13 号　邮政编码 100011)
印　　装　大厂聚鑫印刷有限责任公司
710mm×1000mm　1/16　印张 11　彩插 4　字数 181 千字
2024 年 7 月北京第 1 版第 1 次印刷

购书咨询:010-64518888　　　　售后服务:010-64518899
网　　址:http://www.cip.com.cn
凡购买本书,如有缺损质量问题,本社销售中心负责调换。

定　　价:59.00 元　　　　　　　版权所有　违者必究

《培肥土壤——轻松种田一本通》编者名单

主　　编：叶优良　黄玉芳　张志华

副 主 编：赵亚南　汪　洋　魏　猛

参　　编：朱　强　张　影　李岚涛　郭家萌

　　　　　张文杰　林　迪　赵建中

参编单位：河南农业大学

　　　　　河南科技学院

　　　　　华中农业大学

　　　　　江苏徐淮地区徐州农业科学研究所

前　言

土壤是农作物生长的基础，影响着农作物的产量和品质，对保障粮食安全意义重大。随着世界人口的不断增加，人们对粮食和农产品需求也日益增加，但土壤板结、酸化、盐渍化、连作障碍、养分失衡等问题频发，导致土壤质量下降。因此如何培肥土壤，提高土壤地力水平和粮食产能，也是我们当前面临的重要任务。联合国粮农组织从 2013 年开始，把每年的 12 月 5 日设定为世界土壤日，强调要关注土壤健康，倡导可持续管理土壤资源。

肥料是粮食的"粮食"，是农作物增产的主要措施。化肥是肥料的一种，也是目前农业生产中主要应用的肥料产品。科学合理施用化肥可以提高作物产量、改善作物品质、改良土壤理化性状、培肥地力，对国家粮食安全发挥着重要作用。但是由于缺乏科学技术指导，人们在对化肥认识方面存在一些误区，把化肥"妖魔化"，在肥料施用方面存在着重视化肥、忽视有机肥，过量施用氮肥，施用时间不合理等问题，导致生产成本高、养分供应不平衡、肥料损失大、利用率低、环境代价高等问题，影响着农田土壤质量和农产品品质。

党的十八大提出了乡村振兴、绿色发展战略。"绿水青山就是金山银山"理念引领我国生态环境保护取得历史性成就。农业农村部印发的《农业绿色发展技术导则（2018—2030 年）》提出"着力解决制约'节本增效、质量安全、绿色环保'的科技问题……以绿色投入品、节本增效技术、生态循环模式、绿色标准规范为主攻方向，全面构建高效、安全、低碳、循环、智能、集成的农业绿色发展技术体系"。

实现农业绿色发展，科学施肥是关键。为了普及科学施肥技术，国家从2005 年开始，在全国推广测土配方施肥技术。农业农村部在 2015 提出了《到2020 年化肥使用量零增长行动》，2021 年又制定了《化肥减量增效行动方案》。科学施肥需要科技创新，研发更好、更适合的肥料产品，但也需要科学的施肥技术指导，针对不同作物、不同土壤、不同施肥需求，选择适宜的肥料产品、正确的肥料用量、正确的施肥时间、正确的施肥方式等。随着科技的进步、土地的规模化，肥料产品和施肥方式也发生了很大变化，作物专用肥、缓/控释肥料、水溶肥料、微生物肥料、稳定性肥料不断增加，测土配方施肥、水肥一体化、种肥同播、无人机施肥等技术不断普及，都需要我们更好地理解土壤肥料基础知识，能够科学合理施用肥料。

为了普及科学施肥技术，推动农业绿色发展，我们组织河南农业大学、河南科技学院、河南科技学院、华中农业大学、江苏徐淮地区徐州农业科学研究所等单位的专家编写这本关于科学施肥的科普书。由于知识有限，时间仓促，如有不妥之处，请各位读者提出宝贵意见，我们共同学习，共同为科学施肥，实现农业绿色发展而努力！

编者

2024 年 1 月

目　录

第一章

农业生产中存在的土壤肥料问题

第一节 为什么施肥后农作物增产效果不明显？

肥料是粮食的"粮食"，是农作物种植中重要的生产资料，肥料的施用影响着农作物的生长发育，决定着农作物的产量和品质，但是在农业生产中经常会出现肥料施用后增产效果不明显，甚至还有减产的问题，原因主要有以下几个方面。

一、肥料质量不合格

农户购买的肥料不符合国家肥料生产标准，表现在两个方面：①氮磷钾养分含量不够，肥料包装袋标注养分低于实际养分；②一些新、奇、特肥料产品夸大宣传，实际效果与宣传效果不一致。

二、肥料产品与农作物需求不吻合

同一农作物在不同时期对营养的需求不同，不同农作物种类有不同的营养需求，因此要根据农作物类型和施用时间选择不同的肥料产品。只有肥料产品的养分供应与农作物的营养需求相吻合，才能满足农作物的营养需要，从而发挥肥料最佳的增产效果。

植物生长需要有 17 种必需营养元素，包括碳、氢、氧、氮、磷、钾、钙、镁、硫、铁、锰、锌、钼、铜、硼、氯、镍，但农业生产中应用最多的肥料产品有复合肥、复混肥、尿素和一些单质肥料等，这些肥料主要提供给植物氮磷钾。因此，单一施用复合肥，可能出现氮、磷等营养元素供应过多，而硫、锌、硼等中微量营养元素供应不足的现象，造成营养元素供应不平衡，从而导致肥料增产效果不明显。

三、肥料施用技术不正确

（一）肥料用量不合理

适宜的肥料用量是保障农作物产量和品质的关键，如果肥料用量过少，不能满足农作物的生长需要，从而影响农作物的生长发育；而肥料养分过多，也会造成营养供应不平衡，某些营养元素施用过多，造成农作物中毒，从而抑制农作物的生长发育，还加重倒伏、冻害、病害等的发生。如苹果过量施氮，开花减少、坐果率下降、果实品质下降；小麦过量施氮，倒伏、赤霉病会加重。

（二）肥料施用时间不合理

农作物不同生育时期对营养需求不一样，只有营养元素的供应与农作物需求时间相吻合，才能发挥肥料的最大增产效果。华北冬小麦从播种到收获，要

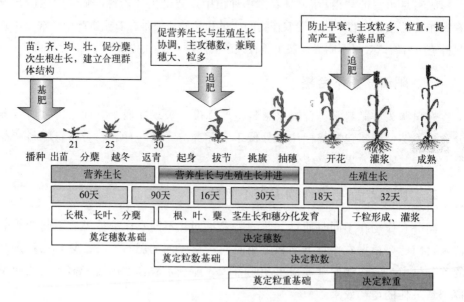

图　小麦生育时期

经历出苗、分蘖、越冬、返青、起身、拔节、挑旗、抽穗、灌浆等不同生育期，因此在小麦播种前要施好基肥（底肥），实现苗、齐、均、壮，促分蘖和次生根生长，建立合理群体结构，奠定穗数基础；在返青拔节期追肥，促营养生长与生殖生长协调，主攻穗数，兼顾穗大、粒多；在抽穗灌浆期追肥，防止早衰，主攻粒多、粒重，提高产量、改善品质。

（三）肥料施用方式不正确

农作物吸收养分主要是通过根系从土壤中获取，因此肥料养分施到根系附近，既能保证被根系吸收利用，又不会因浓度过高对根系造成伤害，这就要求不管采用什么施肥方式，都要实现根系、养分、水分时空分布协调。如果过量灌溉水分次数过多，或者灌溉不好水分缺乏，都会造成养分分布与根系生长错位，不利于植物根系吸收养分，还会造成伤根和肥料的浪费，污染环境，增加投入成本。

图　不同施肥方式对农作物的影响（附彩图）

四、土壤肥力发生变化

我国农业生产投入不断增加，农作物产量不断提高，土壤肥力也发生了很大变化，这就需要我们根据土壤养分状况，去合理地补充大中微量元素肥料，选择合适的养分比例和形态配伍，而不是简单地施用氮磷钾肥料。以河南省为例，与20世纪80年代第2次全国土壤普查相比，土壤有机质、全氮、速效磷、有效锌、有效铜、有效锰等都明显增加，尤其是土壤速效磷，增加了一倍多，一些地方已经出现了磷的累积，甚至是磷的过量，但实际生产中还在施用高磷的复合肥。

表 河南省土壤养分变化状况表

土壤养分	第二次普查	2005~2014 年	与第二次土壤普查相比	
			变化量	变化率/%
有机质/(克/千克)	12.2	15.83	3.63	29.75
全氮/(克/千克)	0.80	0.96	0.16	20.00
速效磷/(毫克/千克)	5.9	15.3	9.4	159.36
速效钾/(毫克/千克)	132.7	120.6	-10.79	-8.13
有效铁/(毫克/千克)	15.9	19.87	3.97	24.97
有效锰/(毫克/千克)	17.04	22.78	5.74	33.69
有效铜/(毫克/千克)	1.21	1.88	0.67	55.37
有效锌/(毫克/千克)	0.66	1.50	0.84	127.27
有效硼/(毫克/千克)	0.39	0.55	0.16	41.02

第二节 为什么生产中经常出现农作物营养失调问题？

一、什么是农作物营养失调问题？

肥料施用不合理，造成农作物吸收矿质营养元素不够或营养元素过量使农作物生长不良。农作物营养失调主要表现在：①叶片颜色、大小、厚薄不正常。例如，小麦或玉米缺氮时会出现叶片发黄症状、油菜缺磷时叶片发红、花生和桃缺铁时叶片发黄、玉米缺锌时叶片出现条带状失绿、苹果缺锌出现小叶病等。②植株高矮、茎粗细、茎秆柔韧度、节间长短不正常。③禾谷类作物的分蘖情况不正常。例如，小麦缺氮时分蘖减少，亩❶穗数下降从而影响产量。④开花情况、花的颜色不正常。⑤籽粒饱满度、空瘪率、果实大小、果实形状不正常。例如，油菜、石榴缺硼时出现只开花不结果或开花坐果率下降现象，草莓和石榴缺硼时会出现果实畸形，西红柿和葡萄缺钙会出现裂果等。⑥农作物成熟期推迟或提前，如小麦缺氮会早熟，氮过多会晚熟。⑦根系颜色、根系数量、根长不正常。例如，施氮过多会抑制玉米地上部和根系的生长。⑧农作物抗倒伏、抗病虫、抗干旱等能力。例如，施氮过多会导致小麦倒伏、病害、冻害、干旱

---

❶ 1 亩≈666.7 平方米。

加重。⑨农产品外观品质、内在品质、贮藏性下降。如氮肥过多，蔬菜硝酸盐超标，甜菜块根产糖率下降，纤维农作物产量减少，纤维品质降低，棉花蕾铃稀少易脱落。

图　不同农作物缺乏矿质元素的症状（附彩图）

二、生产中出现农作物营养失调问题的原因

（一）肥料养分供应与农作物需求不吻合

农业生产中，有粮食作物与经济作物、大田栽培与温室大棚栽培、一年生与多年生作物、旱地作物与水田作物等不同类型和种植方式，不同农作物对营养元素需求不一样。即使小麦、玉米、蔬菜等同一农作物的不同品种、不同生育期对营养都有不同的需求，必须按照农作物的营养需求规律科学施肥，才能实现肥料养分的供应与农作物养分的需求相吻合。不局限于只为植物提供氮磷钾类大量元素，也要重视中微量元素在植物生长时的作用；不但考虑肥料养分的数量比例，还要注意肥料的形态配伍，如氮肥，要根据实际情况选择硝态氮或铵态氮、速效氮和缓控释氮、有机氮与无机氮的配比。但在实际应用中，市场上的肥料产品缺乏针对性，农户也是习惯施肥偏多，因此出现氮磷养分过量、硫锌硼等中微量营养元素供应不足等问题。

（二）土壤养分有效性低

农作物从土壤中吸收养分，取决于土壤养分化学形态有效性和土壤养分空间位置有效性，只有具备化学形态有效性、空间位置有效性的养分，即具有生物有效性才能真正被植物吸收利用。如，虽然农田土壤中钙、磷等养分含量不低，但养分有效性低，因此生产中经常出现营养缺乏问题。

土壤养分有效性受到土壤 pH、土壤温度、水分状况、农作物品种、根系状况、肥料类型，以及土壤盐渍化、连作障碍等多种因素影响。

三、如何解决生产中的农作物营养失调问题

（一）要实现农作物养分需求与养分供应相吻合

选择正确的肥料产品、肥料用量、施肥时间、施肥方法等，实现科学施肥。即农作物需要什么，供应什么；农作物需要多少，补充多少；农作物什么时间需要，什么时间施肥；做到不多不少、不早不晚正好。

（二）要保持养分的供应与农作物需求的平衡

① 数量平衡。氮磷钾用量与中微量元素用量。

② 比例平衡。氮磷钾与中微量元素比例、有机无机养分配合比例、速效与缓控释结合比例。

③ 时空分布平衡。不同生育时期养分比例（基追比例）、土壤养分位置与根系分布协调、养分与水分和根系的协调。

（三）如何实现农作物营养元素供应平衡？

应用测土配方施肥技术，根据土壤测试结果，结合农作物的营养需求规律，设计专用肥、配方肥、套餐肥，保证农作物的养分需求与土壤肥料养分供应相吻合。

第三节　为什么农作物品质越来越差？

一、什么是农作物的品质？

大家会经常谈论品质，但很难定义。因为人们对某种产品品质的理解很大程度上依赖于个人的认识，而每个人认识问题的角度差异又很大。国际标准化组织认为品质是一个产品、系统或过程所固有的满足特定群体需求的整体特性。

欧洲质量组织认为品质是产品所具有的能满足一定需要的特性总和。品质是一个农产品所拥有的并能以此表明产品好坏程度的性质或特点。一般来说，品质就是质量，品质就是品牌。

二、农产品品质分类

① 外观品质：大小、形状、色泽、均匀度、新鲜度、表面瑕疵等。

② 内在品质：甜度、酸度、硬度、脆度、化渣程度、汁液比例、口感。

③ 营养品质：蛋白质、氨基酸、营养元素、维生素、胡萝卜素、叶绿素。

④ 加工品质：晾晒、烘烤、蒸煮。

⑤ 贮藏品质：贮藏时间、腐烂情况。

⑥ 安全品质：硝酸盐、重金属、放射性污染物等有害物质。

⑦ 商业品质：价格、效益、品牌影响力、市场占有率等。

表　农作物不同，品质指标不同

农作物	指标
稻米	加工品质（糙米率、精米率、完整米率）、外观品质（形状、大小、透明度、垩白度、颜色、光泽）、蒸煮和味品质（直链淀粉含量、糊化温度、黏稠度、米粒延长性、香味）、营养品质（碳水化合物、蛋白质、氨基酸、脂肪、维生素）、卫生品质（重金属、微生物污染状况）
小麦	形态品质（整齐度、饱满度、粒色、胚乳质地）、营养品质（蛋白质组成及含量、碳水化合物组成及含量、脂肪、核酸、维生素、矿物质组成及含量）、加工品质（磨粉品质、面粉品质、面团品质、烘焙品质）
玉米	感官品质、营养品质、加工品质、卫生品质、商业品质
蔬菜	感官品质（形状、大小、颜色、风味）、必需营养成分（碳水化合物、蛋白质、氨基酸、矿物质）、与人体健康有关的生物活性成分（类胡萝卜素、多酚、硫化物、植物甾醇类、生物雌激素、膳食纤维）、不良性状（硝酸盐、茄碱、杀虫剂、萜类化合物）
水果	感官属性（表观、质地、风味）、生化属性（水、碳水化合物、蛋白质、氨基酸、矿物质、醇、芳香味、风味）

三、为什么关注农作物品质？

（一）提高农作物品质就是提高市场竞争力、增加效益

为什么有机食品、绿色食品等农产品受重视？因为这些农产品对产地环境、种植管理有更高的要求，所以这些农产品的品质更好，有市场竞争力，能卖出更高的价钱，从而增加收益。

（二）提高农作物品质就是改善人类营养状况

农作物含有蛋白质、氨基酸、维生素、营养元素等各种营养物质，农作物是我们从膳食中获得营养的主要来源，农产品品质好了，就能保障餐桌安全，改善我们的营养状况，提高我们的生活质量。为什么人们会有锌、钙、铁等营养缺乏问题？这是因为在农作物种植管理中，农作物从土壤和肥料中获取的营养不够，导致人们从膳食中获得的营养不够。

（三）提高农作物品质就是助力乡村振兴、绿色发展

国家乡村振兴、绿色发展战略要求"优化产品结构、构建绿色生产方式和新的产业业态主体"，而通过科学施肥，实现绿色投入、绿色种植、绿色农产品生产、绿色生态环境营造，是农业绿色发展的要求，也是提高产品质量的关键。农产品质量提高了，品牌提升了，效益也就增加了，从而促进了产业发展，也

助力了乡村振兴。

（四）农业生产中常见的农作物品质问题

① 不好看。果实大小不匀、颜色不好、裂果、斑点、畸形等。

② 不好吃。口感不好，水分少，糖酸比不合适，粗糙。

③ 营养缺乏。矿质元素、维生素、氨基酸等含量低。

④ 不耐储藏。储藏性差、容易腐烂变质。

（五）农作物品质越来越差的原因

一般来说，影响农作物品质的因素有生态条件、气象因子、土壤条件、管理措施四个方面，包括品种、产量、施肥、土壤、水分管理、整形修剪、生长调节剂、病虫害、采收期等多个因素，而众多因素中施肥和土壤是影响农产品品质的关键因素。

由于缺乏科学施肥指导，农业生产中氮肥施用过量，氮磷钾比例不平衡，中微量营养元素供应不足，有机质与无机质比例失调，土壤有机质含量低，土壤酸化等问题多发，不但影响农作物的生长和产量，更影响农产品的品质。

如氮是生命元素，影响农作物的生长发育，氮素含量不足，农作物生长受阻，植株矮小，产量下降，蛋白质、氨基酸等含量低；但是氮肥施用过多，可导致农作物旺长，容易出现病害、冻害、倒伏、硝酸盐含量增加、含糖量下降、储藏性下降等问题，严重影响农产品的品质。

钾作为品质元素，可以增加可溶性糖、维生素 C、蛋白质、淀粉、可溶性固形物等含量。柑橘缺钾时，果实发育不良，品质变差，着色不良，产量下降；但钾肥施用过量时，导致柑橘果皮粗厚，酸味增加，还影响农作物对镁的吸收利用。

（六）如何改善农作物品质？

科学施肥是提高农作物品质的关键，因此要选择正确的肥料产品，确定正确的肥料用量、正确的施肥时间、正确的施肥方法。

应用测土配方施肥技术，根据土壤测试结果，结合农作物的营养需求规律，结合肥料的特点，科学合理地施肥，来保证农作物的养分需求与土壤肥料养分供应相吻合，以最少的投入获得最高的产量、最好的品质、最大的效益。

第四节 为什么土壤质量越来越差?

一、什么是土壤?

土壤是覆盖于地球陆地表面,具有肥力特征的,能够生长绿色植物的疏松多孔结构表层。土壤是农作物生长的基础。

土壤是活的有机体,由固相、气相、液相三大部分组成。固相包括矿物质、有机质、土壤生物,其中,矿物质占固体部分重量的95%~99%,占整个土壤容积的38%左右,由岩石分化而来或在成土过程中形成,常被称为"土壤骨骼";有机质占固体部分重量的1%~5%,占整个土壤容积的12%左右,由生物残体及其腐解产物构成,常被称为"土壤肌肉";土壤生物包括土壤动物(昆虫,蠕虫)、植物(根系藻类)及土壤微生物等,以微生物的数量最多,每克土中约10亿个。气相主要是指土壤中的气体,即常说的"土壤空气",占整个土体容积的25%左右,其构成可分为两部分:近地面的大气层进入土壤的气体(O_2,N_2),土壤内部产生的气体(CO_2,水汽)。液相主要是指土壤中的水分,占整个土壤容积的25%左右,主要由地表进入土壤中,土壤固、气相中浸入各种可溶性物质而成为液态,也被称为"土壤血液"。

土壤是弥足珍贵的,形成2~3厘米厚的土壤大概要1000年之久。土壤在维持生态安全、保障粮食安全、维护社会稳定、保护生物多样性方面有关键作用。

二、什么是土壤质量?

土壤质量是土壤在生态系统界面内维持生产,保障环境质量,促进动物与人类健康行为的能力。简单来说,土壤质量也可以理解为土壤肥力、土壤地力、土壤生产力、土壤环境质量和土壤健康质量。

三、什么是土壤功能?

土壤功能是评价土壤质量的基础,土壤的主要功能可以概括为3个方面:
① 生产力:土壤提高植物和生物生产的能力。
② 环境质量:土壤降低环境污染物和病菌损害的能力。

③ 动植物健康：土壤影响动植物和人类健康的能力。

四、土壤质量评价指标

① 物理性指标：土壤质地和结构、土层深度、根系深度、土壤容重、土壤含水量等。

② 化学性指标：土壤酸碱度，盐分含量，阳离子交换量，电导率，有机质、全氮、有效磷、交换性钾、锌、钼、硼、铁等含量。

③ 生物性指标：土壤微生物、酶活性、土壤动物、土壤呼吸等。

五、什么是土壤健康？

狭义的土壤健康，强调的是土壤生物特别是土壤病原菌，尤指土壤要保证植物的健康生长。广义的土壤健康，是指在自然或管理的生态系统边界内，一个充满活力的土壤所具有的保证持续生产，保持良好的水体和大气环境，促进植物、动物（人类）健康的能力。

土壤质量与土壤健康是统一的。土壤健康在更广的范围内认为土壤具有生命力，是动态的，强调土壤的自然资源属性、环境属性和生态属性，其与植物健康、动物健康和人类健康密切相关。土壤质量主要强调土壤的运行能力或者适合使用。

六、土壤质量下降表现在哪些方面？

（一）物理性指标方面

土壤耕层变浅、土壤容重增大、土壤质地变差、土壤团聚体结构变差、土壤保水保肥能力下降、土壤耕作特性下降、根系生长情况变差。

与 20 世纪 80 年代第二次土壤普查相比，我国农田的土壤肥力有所改善，土壤有机质、全氮、速效磷含量等都有所提高，但是因为各个地方土壤基本条件不同，施肥管理水平不同，所以在不同区域、同一区域不同田块、不同土层深度的土壤养分分布不均匀。如近年来机械化的普及，机械打药、机械施肥、机械收获、机械播种导致土壤容重增高、耕层变浅，农作物根系无法下扎等问题出现。

（二）化学性指标方面

土壤有机质、全氮含量下降，速效磷钾、有效铁锰硼锌铜等含量过高过低，土壤 pH 值过高过低、土壤盐分含量增加、土壤阳离子代换量降低。

如在蔬菜、果树等经济作物种植区，以及部分农作物种植区出现的土壤酸化，影响了种子的萌发，影响了根系的生长发育，也影响了农作物的产量。

（三）生物学指标方面

微生物种类和数量、酶活性、土壤动物种类和数量、土壤呼吸等降低。

土壤中生长的微生物、微型动物、中型动物、大型动物和巨型动物，深刻地影响着土壤的物理结构和化学成分，对于实现和调节关键的生态系统过程至关重要。近年来，种植模式单一、复种指数高、化肥农药不合理使用等导致土壤生物多样性下降、线虫、连作障碍等一些土传病害经常存在。

七、土壤质量下降的原因

（一）土壤基础条件差

土壤基础条件是影响土壤质量的关键，而我国现有耕地中，中低产田所占比例较高，导致整体的土壤质量不高。例如我国耕地土壤中普遍存在有机质含量偏低的情况。我国推动高标准农田建设就是为了提高土壤质量。

（二）没有科学施肥

肥料是农业生产中重要的物质投入，不但影响着农作物的生长发育、产量和品质，也影响着土壤的物理、化学和生物学性质，对土壤质量影响重大。由于缺乏科学的指导，肥料的种类、用量、施用方式等方面没有正确的操作，土壤质量问题日益加重。

（三）农机带来的影响

农机的使用在带来方便的同时，也给土壤带来了问题，导致土壤的容重增加、耕层变浅，从而影响了土壤的物理、化学、生物学性质。科学试验表明，连年深松 30 厘米以上，可有效改善土壤理化性状，促进根系下扎，提高保水保肥能力，防止植株倒伏。

（四）种植模式单一，复种指数高

我国很多地方都是小麦玉米轮作、小麦水稻轮作、水稻油菜轮作，种植模式单一，土壤连续工作，没有休耕的时间，导致土壤质量下降。

八、科学施肥对土壤质量的影响

（一）肥料的作用

肥料在促进农作物生长、培肥土壤地力、提高农作物产量、改良土壤结构、改善农产品品质、减少水土流失、增加植被覆盖面积、美化生态环境、丰富物种多样性等方面发挥着重要作用，对提高土壤质量也意义重大。

与 19 世纪 80 年代相比，我国土壤有机质、碱解氮和速效磷等有了很大提高，化肥的施用极大地提高了土壤肥力和土地生产力。而有机肥与化肥配合施用不但可以提高土壤的养分含量，还可以改善土壤物理、化学、生物学性质，从而大大提高土壤质量。此外，生物肥料、微生物肥料的施用可以减轻土壤连作障碍问题，提高产量。一些碱性肥料如钙镁磷肥、硅钙镁肥，可以改良土壤酸化。

（二）科学施肥，提高土壤质量

根据土壤特点（土壤类型、土壤养分状况、土壤障碍因素）、农作物需求养分规律（农作物养分需求种类、形态、数量、时间），来确定合理的肥料用量、施肥时间、施肥方法、肥料产品，以达到科学施肥，提高土壤质量，实现农作物养分需求与土壤肥料养分供应相吻合，使农作物产出最高、效益最大，对环境的影响最好，保证粮食、生态安全。

第五节　为什么农作物抗逆性变差？

一、什么是农作物抗逆性？

指农作物抗低温冻害、抗干旱、抗倒伏、抗盐碱、抗病虫草害等不利环境的能力。

预防倒伏、干旱、冻害等抗逆能力是农作物稳产的关键。

二、影响农作物抗逆性的因素

影响农作物抗逆性的因素有气候、品种、播期、种植密度、施肥灌水、耕作、土壤、肥料等多个方面，其中，气候是最重要的，但是难以人为调控。土壤、肥料是比较容易调控的，但人们常常忽略。

土壤质量：土壤耕层变浅、土壤容重增大都会导致农作物根系发育不良，而导致农作物抗逆能力下降。

例如，土壤深松与未深松对玉米根系的影响：深松土壤中的玉米根系明显比未深松土壤的根系密度大且下扎更深，可以提高农作物保水保肥能力，防止倒伏；土壤酸化对小麦根系生长的影响。

三、施肥对农作物抗逆性的影响

（一）肥料产品对农作物抗逆性的影响

1. 钾

可以抗高温、抗倒伏、抗盐碱、抗干旱、抗早衰。合理施用钾肥可以减少小麦的锈病、适当地增施钾肥可以减少腐烂病的发生。

2. 磷

抗干旱、抗盐碱、抗寒。例如，在小麦生产中经常应用的"一喷三防"技术，即通过喷施磷酸二氢钾来预防干热风、倒伏、病虫害，主要是通过补充磷和钾来增强农作物抗逆性。

3. 硅

抗干旱、抗盐碱、抗倒伏、抗病。适当地施用硅可以减少水稻倒伏的发生，增加水稻的抗倒伏能力。

4. 钙

抗病虫害、抗冻害、抗干旱、抗早衰、抗盐。增加枝条里钙的含量可以增加黄秋葵的贮藏性。

（二）肥料用量对抗逆性的影响

随着氮肥用量的增加，小麦的倒伏率也随之增加，小麦的赤霉病发病率加重；不同氮肥用量的田块中，玉米的干旱情况不同，施氮量少的区域干旱程度轻、施氮量多的区域干旱程度强。

增施钾肥，可以减少小麦倒伏。增施磷肥，可以减少小麦冻害。

（三）施肥方式对抗逆性的影响

不同施肥方式对水稻倒伏指数的影响研究中发现，开沟施肥比表面穴撒施的水稻倒伏率要低，从而可以提高产量。

四、小麦为什么会发黄？

小麦不同程度的发黄就是农作物对逆境做出适应的反应。

小麦发黄的原因有：①干旱、冻害气候问题；②缺氮、缺钾、缺锌等营养问题；③土壤酸化、秸秆还田、连作障碍等土壤问题；④病害（花叶病病毒）、虫害（线虫）、药害等病虫草害问题；⑤耕作整地、品种选择、播种质量、种植密度等整地播种问题，其中，土壤肥料问题是关键。

五、如何提高农作物抗逆能力？

科学施肥，选择正确的肥料产品、正确的肥料用量、正确的肥料施用时间、正确的肥料施用方法，来提高农作物抗逆性，从而保证农作物高产稳产。

（一）肥料产品选择

根据农作物需求（农作物种类、生育阶段）、土壤需求（土壤类型、盐渍化、酸化）、气候需求（干旱、多雨）、用户需求（简化施肥、利润、品质）、工艺成本（原材料、复合肥、掺混肥）来选择，使土壤肥料与农作物养分需求相吻合。

因此，应用测土配方施肥技术，根据土壤供应状况，农作物的需求规律，来设计农作物需要的肥料产品，实现"一袋子"肥料，解决科学施肥问题。例如，针对土壤酸化问题，施用钙镁磷肥、硅钙镁肥等碱性肥料，可以改良酸化土壤，减少病虫害的发生；针对大蒜的连作障碍问题，通过施用生物肥料、微生物肥料配合施用大蒜专用肥，可以减轻连作障碍，减轻土传病害的发生，提高大蒜抗逆能力。

（二）施肥时间的选择

根据农作物的生长发育规律、养分需求特点，来合理地选择肥料施用时间。

例如，小麦从播种到收获需要8个多月，240多天的时间，其间对养分有不同的需求。要抓住三个关键时期对小麦施肥：第一，播种时对养分需求敏感，施足基肥可以保证萌芽期有充足的养分供应，达到苗期苗壮苗匀的特点；第二，返青拔节期，是小麦营养生长与生殖生长并进的时期，对肥水的需求量较大，此时合理的追肥可以促进营养生长与生殖生长协调，主攻小麦穗数，兼顾小麦穗大、粒多；第三，孕穗灌浆期是小麦生殖生长关键时期，对于提高小麦产量和品质非常关键，此时要有充足的营养供应以防止小麦早衰，主攻小麦粒多、粒重，为高产优质打好基础。

（三）施肥方式的选择

将肥料施于植株根系附近，实现农作物根系、土壤水分和养分时空分布相协调，保证农作物充分吸收而不浪费肥料。

（四）肥料用量的选择

根据农作物类型和目标产量等需肥情况，结合土壤和环境供肥能力，确定适宜的肥料用量，保持农作物养分需求与土壤肥料供应相平衡，最大限度地减少肥料的用量，提高肥料利用效率。

第二章

了解土壤，预防土壤退化，提高土壤质量

第一节　了解土壤

一、土壤的概念

其实土壤对于我们来说并不陌生，因为它在我们的生活当中随处可见。不同的地方对土壤有不同的叫法，有叫泥巴、淤泥、泥土……但由于对土壤认识角度的不同，在土壤学中对土壤的概念和定义却有很多。从生态学家的观点来认识土壤，认为土壤是地球表层系统中生物多样性最丰富，生物地球化学的能量交换、物质循环（转化）最活跃的生命层；从环境科学家的观点来认识土壤，认为土壤是重要的环境因素，是环境污染物的缓冲带和过滤器；从工程专家的观点来认识土壤，认为土壤是承受高强度压力的基地或作为工程材料的来源。对农林业工作者来讲，土壤就是农作物或林木生长的介质。

早在三四千年以前，我国劳动人民就对土壤的含义作了明确的描述："万物自生焉则曰土，以人所耕而树艺焉则曰壤"（《周礼》）。也就是说，生长有自然植被的土地叫"土"，经过人们垦种的土地叫"壤"。

苏联科学家威廉斯认为："土壤是覆盖于地球陆地表面，具有肥力特征的，能够生长绿色植物的疏松多孔结构表层。"这个定义是以能否生产植物作为土壤标志性的重要特征。这一概念目前仍为我国土壤学界所公认。

二、土壤剖面

土壤是成土母质在一定水热条件和生物的作用下，经过一系列物理、化学和生物的作用而形成的。随着时间的推移，母质与环境之间发生了物质和能量的交换和转化，从而形成了土壤腐殖质和黏土矿物，形成了层次分明的土壤剖面。

风化过程　成土过程

成土因素：母质　气候　地形　生物　时间

图　土壤形成过程（附彩图）

每种土壤都以一种给定土层顺序为特征，这种土层顺序的垂直显示称之为土壤剖面。

（一）自然土壤剖面的形成

1.覆盖层（A_0）。为枯枝落叶层，发生在有机土中，一般在矿质土的表层。

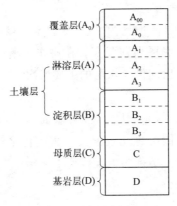

图　土壤剖面层

有机碳含量大于 17％，在森林土壤中常见。

2.淋溶层（A 层）。处于土体最上部，故又称为表土层。由于水溶性物质和黏粒有向下淋溶的趋势，故叫淋溶层。具有淋溶作用，有机质聚积较多。

3.淀积层（B 层）。由上层淋溶下来的物质淀积而成，一般情况下大部分比较坚实。该层的特征为富含铝硅氧化物，如三氧化二铁（Fe_2O_3）、三氧化二铝（Al_2O_3）等，或是土壤结构的形成，或是颜色的变化指示水解、氧化或还原。

4.母质层（C 层）。一般未受成土过程的影响，但也会具有潜育作用，碳酸钙和碳酸镁的聚积以及可溶性盐的聚积。

5.基岩层（D 层）。为半风化或未风化的基岩。

（二）农业土壤剖面的形成

人类生产活动和自然现象所有的综合作用，使耕作土壤产生层次分化。耕作土壤剖面层次，从上到下，大体可分为三层。

1.表土层

又可分为耕作层和犁底层。①耕作层是受耕作、施肥、灌溉影响最强烈的土壤层。它的厚度一般约为 20 厘米。耕作层易受生产活动、地表生物、气候条件的影响，一般疏松多孔，干湿交替频繁，温度变化大，通透性良好，物质转化快，含有效态养分多。②犁底层位于耕作层下，厚约 6～8 厘米。典型的犁底层很紧实，孔隙度小，所以通透性差，透水性不良，结构常呈片状，甚至有明显可见的水平层理。这是经常受耕畜和犁的压力以及因降水、灌溉使黏粒沉积而形成的。

2.心土层

位于犁底层以下，厚度一般约为 20～30 厘米。该层也因受到犁、畜压力的影响而较紧实，但不如犁底层那样紧实。在耕作土壤中，心土层是起保水保肥作用的重要层次，是生长后期供应水肥的主要层次。

3.底土层

是在心土层以下的土层，一般位于土体表面 50～60 厘米以下的深度。此层受地表气候的影响很小，同时也比较紧实，物质转化较慢，可供利用的营养物质较少。一般常把此层的土壤称为生土或死土。

三、土壤分类

土壤分类，就是根据土壤的发生发展规律和自然性状，按照一定的分类标准，把自然界的土壤划分为不同的类别。其目的是针对不同类型与性状的土壤，经过合理的利用和改良，获得高的土壤肥力。土壤分类是土壤科学水平的体现。随着土壤科学以及农业生产的发展，土壤分类在逐步完善和发展。土壤可分为自然土壤和耕作土壤。根据用途可分为森林土壤、草原土壤、农田土壤、园艺土壤和城市土壤等。

表　中国土壤分类系统

土纲	土类
铁铝土纲	砖红壤、赤红壤、红壤、黄壤
淋溶土纲	黄棕壤、棕壤、黄褐土、暗棕壤、白浆土、棕色针叶林土、灰化土
半淋溶土纲	燥红土、褐土、灰褐土、黑土、灰色森林土
钙层土	黑钙土、栗钙土、栗褐土、黑垆土
干旱土	棕钙土、灰钙土
漠土	灰漠土、灰棕漠土、棕漠土
初育土	黄绵土、红黏土、新积土、龟裂土、风沙土、石灰（岩）土、火山灰土、紫色土、磷质石灰土、粗骨土、石质土
半水成土	草甸土、潮土、砂姜黑土、林灌草甸土、山地草甸土
水成土	沼泽土、泥炭土
盐碱土	草甸盐土、滨海盐土、酸性硫酸盐土、漠境盐土、寒原盐土
人为土	水稻土、灌淤土、灌漠土
高山土	草毡土、黑毡土、寒钙土、冷钙土、冷棕钙土、寒漠土、冷漠土、寒冻土

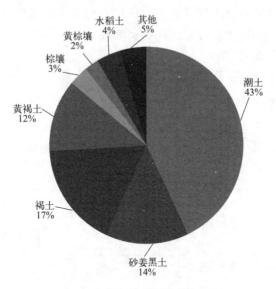

图　河南省主要土壤类型及占比

四、土壤质地与结构

（一）土壤质地

1. 什么是土壤质地？

坚硬的岩石及其矿物质经过一系列风化、成土过程之后形成的颗粒物质，称为土壤矿物质颗粒，简称土粒。土粒直径大小不同，其组成和性质也随之变化，根据土壤单粒直径大小和性质变化而划分的土粒级别称为粒级。平时所说的砂粒、粉粒和黏粒就是粒级的名称。

砂土

黏土

壤土

图　土壤质地（附彩图）

土壤中各粒径土粒占土壤重量的比例组合称为土壤机械组成。土壤质地概括反映着土壤内在的肥力特征，因此在说明和鉴定土壤肥力状况时，土壤质地往往是首先考虑的项目之一。

2.不同质地土壤肥力特点有何不同？

土壤质地类型决定着土壤蓄水、导水性，保肥、供肥性，保温、导温性，土壤呼吸、通气性和土壤耕作等。按照我国土壤质地分类，大体可将土壤质地分为砂土、壤土和黏土。不同质地的土壤具有不同的肥力特点。

表　不同质地土壤肥力特点

类型	砂土	黏土	壤土
水分	透水性强，易干燥、不耐旱	透水性差，保水力强，易渍水	保水透水性好
养分	养分少，有机质低，保肥性差	养分丰富，有机质含量高	矿质养分、有机质含量较高
空气	通气性好	通气不良	通气良好
热量	昼夜温差大	昼夜温差小	土温稳定
耕性	耕作阻力小，宜耕期长，耕性好	耕作费力，宜耕期短，耕性差	耕性较好，宜耕期较长

3.土壤质地如何改良？

土壤单粒相对稳定，短期内不易发生变化。在山区林业用地方面，通常把土壤质地作为适地适树的重要因素之一。在苗圃或果园土壤上，可根据土壤本身情况和当地的具体条件，因地制宜地采取各种措施进行不良质地的土壤改良。

（1）掺砂掺黏，客土调剂

搬运别处质地不同的土壤，掺和到当地过砂或过黏的土壤里，以改良本地土壤质地。实施客土法工作量大，一般要就地取材，因地制宜。在砂地附近有黏土或河泥，可搬黏压砂；黏土地附近有砂土或河沙，可搬砂压黏。有的土壤剖面中上下层土壤质地有明显差别，则可翻淤压砂或翻砂压淤，以达到改良土壤质地的目的。林业生产或造林试验中常将客土施于树木栽植穴内，以改善树木根系伸展范围内的土壤质地状况。

（2）引洪放淤，引洪漫沙

在有引洪条件的地区，放淤或漫沙是改良土壤质地行之有效的办法。在引洪淤漫过程中，注意边引边排，做到留沙留泥不留水。

（3）施有机肥，改良土性

有机肥料中含有大量有机质，经转化形成腐殖质，其黏结性和黏着性介于砂土和黏土之间。施用有机肥可以克服砂土过砂、黏土过黏的缺点；有机质在提供养分的同时，还可以改善土壤结构状况，使土壤松紧程度、孔隙状况、吸收性能等方面得到改善，从而提高土壤肥力。

（4）植树种草，培肥改土

在过砂或过黏的土壤上，种植适生的乔灌木树种或耐瘠薄的草本植物能达到改良质地、培肥土壤的目的，特别是豆科绿肥植物，根系庞大，在土壤中穿伸力强。连同腐殖质的作用，能够改善黏质土或砂质土的结构状况和保水肥能力。

（二）土壤结构

1.土壤结构的概念

土壤中颗粒除粒径较大的砂粒常呈单粒分散状态外，粒径较小的细粒和极细微的黏粒多数是互相胶结在一起形成复粒、微团聚体。单粒、复粒和微团聚体在土壤中可以单独存在，也可以被凝聚胶结成聚体存在。土壤中不同颗粒的排列和组合形式，称为土壤结构。

2.土壤结构体的概念和类型

土壤中的固体颗粒很少以单粒存在，多是单个土粒在各种因素综合作用下相互黏合团聚，形成大小、形状和性质不同的团聚体，称为土壤结构体。

土壤结构体通常根据大小、形状及其与土壤肥力的关系划分为五种主要类型：块状结构体、核状结构体、柱状结构体、片状结构体、团粒结构体。

（1）块状结构体

块状结构边面与棱角不明显。按其大小，又可分为大块状结构轴长大于 5 厘米，北方农民称为"坷垃"，块状结构轴长 3～5 厘米和碎块状结构轴长 0.5～3 厘米。块状结构在土壤质地比较黏重、缺乏有机质的土壤中容易形成，特别是土壤过湿或过干耕作时最易形成。

（2）核状结构体

核状结构其边面棱角分明，较块状小，大的直径 10～20 毫米，小的直径 5～10 毫米，农民多称为"蒜瓣土"。核状结构体一般多以石灰或铁质作为胶结剂，在结构面上有胶膜出现，故常具水稳性，这类结构体在黏重而缺乏有机质的表下层土壤中较多。

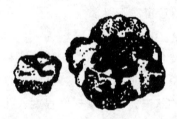

图　块状结构体　　　　　　图　核状结构体

（3）柱状结构体

结构体呈立柱状，棱角明显有定形者称为棱柱状结构体，棱角不明显无定形者称为拟柱状结构体，其柱状横截面大小不等。其大多出现在黏重的底土层、心土层和柱状碱土的碱化层。这种结构大小不一，坚硬紧实，内部无效孔隙占优势，外表常有铁铝胶膜包被，根系难以伸入，通气不良。结构体之间常出现大裂缝，造成漏水漏肥。

（4）片状结构体

片状结构体常出现在耕作历史较长的水稻土和长期耕深不变的旱地土壤中，长期耕作受压，使土粒黏结成坚实紧密的薄土片，成层排列，这就是通常所说的犁底层。旱地犁底层过厚，对农作物生长不利，影响植物根系的下扎和上下层水、气、热的交换以及对下层养分的利用。而水稻土有一个具有一定透水率的犁底层很有必要，它可起减少水分渗漏和托水托肥的作用。

图　柱状结构体　　　　　　图　片状结构体

（5）团粒结构体

团粒结构体是指在腐殖质的作用下形成近似球形较疏松多孔的小土团，直径为 0.25～10 毫米之间称为团粒，直径＜0.25 毫米的称为微团粒。近年来，有人将＜0.005 毫米的复合黏粒称为黏团。

图　团粒结构体

微团粒结构体在调节土壤肥力的作用中有着重要意义。

首先，它是形成团粒结构的基础，在自然状态下，起初是土粒与土粒相互连接成黏团，黏团再次团聚成微团粒，微团粒进一步团聚成团粒。其次，微团粒在改善旱地土性方面的作用虽然不如团粒，但对长期淹水条件下的水稻土，难以形成较大的团粒，而微团粒的数量在水稻土的耕层大量存在。我国南方农民俗称的蚕砂土，泡水不散、松软、土肥相融，对水稻发育很有利。因此，微团粒结构是衡量水稻土肥力和熟化程度的重要标志之一。

由此可见，在上述几种结构体中，块状、片状、柱状结构体按其性质、作用均属于不良结构体。团粒结构体才是农业生产上要求的结构体，属于良好的土壤结构体。

五、土壤养分

土壤养分是由土壤提供的植物生长所必需的营养元素。至今，人类已发现地壳中有90余种元素，但它们在地壳中的存量差异很大。高等植物正常生长必需的16种营养元素，由于植物对它们的需要量不同，将它们分为大量元素、中量元素和微量元素。大量营养元素即植物需要量最多的元素，它们是碳（C）、氢（H）、氧（O）、氮（N）、磷（P）、钾（K）6种；中量元素即植物需要量较多的元素，它们是钙（Ca）、镁（Mg）、硫（S）3种；微量营养元素即植物需要量较少的元素，它们是铁（Fe）、硼（B）、锰（Mn）、铜（Cu）、锌（Zn）、钼（Mo）、氯（Cl）、镍（Ni）8种。在16种营养元素中除碳、氢、氧三者主要来自空气和水外，其余主要依靠土壤提供，我们把依靠土壤提供的营养元素称为土壤养分。土壤养分是土壤肥力的重要物质基础，也是植物营养元素的主要来源。因此，土壤养分的丰缺是评价土壤肥力的重要内容之一。

（一）土壤大量元素

1.土壤氮素状况

土壤中的氮素是在土壤的形成和熟化培肥过程中逐渐积累起来的。其来源可概括为以下几方面：①施入土壤的化学氮肥；②施入土壤的植物残体，如绿肥、厩肥等有机肥；③生物固氮。

（1）土壤中氮素的含量

从各地耕层土壤的含氮量来看，以东北黑土地区最高，华南、西北和青藏地区次之，黄淮海平原地区和西北黄土高原地区最低。自然土壤的全氮量高于农田，其表层土壤的全氮量自东向西随降水量的逐渐减少和蒸发量逐渐增大而逐渐减少，由北向南，随温度的增高有一个南北略高、中部略低的特点。

（2）土壤中氮素的形态

土壤中氮素的形态可分为无机态和有机态两大类。

无机态氮：也称为"矿质态氮"，主要以 NH_4^+—N、NO_3^-—N、NO_2^-—N 的形式存在；在一般土壤中 NO_2^-—N 含量极低，一般不稳定，土壤中积累过多时会对农作物产生毒害；NH_4^+—N 和 NO_3^-—N 都是水溶性的，称为速效态氮，可被植物直接吸收利用。

有机态氮：土壤中的氮主要以有机态氮为主，其含量占土壤全氮的 90% 左右。

（3）土壤中氮素的转化

土壤中的含氮有机物只有一小部分是水溶性的，绝大部分呈复杂的蛋白质、腐殖质以及生物碱等形态存在。

2.土壤磷素状况

（1）土壤中磷素的含量

我国自然土壤的全磷含量随风化程度的增加而有所减少，表现在从北向南、从西向东土壤含磷量呈递减趋势。但由于磷的移动性小，因而在同一地域内磷素含量也有局部差异。

（2）土壤中磷素的形态

① 无机态磷

a.难溶性磷酸盐。磷酸钙（镁）类，磷酸根在土壤中与钙、镁碱土金属离子，以不同比例结合形成一系列不同溶解度的磷酸钙、镁盐类。它们是石灰性或钙质土壤中磷酸盐的主要形态。

磷酸铁和磷酸铝类，在酸性土壤中，无机磷中的大部分与土壤中的铁、铝结合生成各种形态的磷酸铁和磷酸铝类化合物。这类化合物有的呈凝胶态，有的呈结晶态。

闭蓄态磷，这类磷以由氧化铁或氢氧化铁胶膜包被的磷酸盐形式存在。由于氧化铁或氢氧化铁的溶解度极小，被它所包被的磷酸盐溶解的机会就变得更小，很难发挥作用。

b.易溶性磷酸盐。此类磷酸盐包括水溶性和弱酸溶性磷酸盐两种。水溶性磷酸盐主要是一价磷酸的盐类，易被植物吸收利用。弱酸溶性磷酸盐多存在于中性至弱酸性土壤环境中，也属于有效态磷酸盐，但它不如水溶性的有效程度高。

② 有机态磷

a.植素类。土壤中的植素是经微生物作用后形成的。在纯水中的溶解度可达 10 毫克/千克左右，pH 值越低，溶解度越大，多数植素须通过微生物的植素酶水解才对植物有效。植素类磷是土壤有机磷的主要类型之一。

b.核酸类。核酸是一类含磷、氮的复杂有机化合物；多数人认为核酸是直接从生物残体特别是微生物体中的核蛋白质分解出来的。核酸态磷经微生物作用，分解为磷酸盐后才可为植物吸收。

c.磷脂类。是一类不溶于水，而溶于醇或醚的含磷的有机化合物，土壤中含磷脂化合物很少。磷脂类化合物经微生物分解转化为有效磷才能被植物利用。

（3）土壤中磷素的转化

① 有效磷的固定

a.化学固定：由化学作用所引起的土壤中磷酸盐的转化，是在中性、石灰性土壤中水溶性磷酸盐和弱酸溶性磷酸盐与土壤中水溶性钙、镁盐，吸附性钙、镁，和碳酸钙、镁作用发生化学固定。

b.吸附固定：土壤固相对溶液中磷酸根离子的吸附作用。

c.闭蓄态固定：磷酸盐被溶度积常数很小的无定形铁、铝、钙等胶膜所包蔽的过程。

d.生物固定：当土壤有效磷不足时会出现微生物与农作物争夺营养而发生生物固定。

② 有机磷的有效化

土壤中绝大部分有机态磷化合物需经过磷细菌的作用，逐步水解释放出磷酸后，才能供给植物吸收利用。

③ 无机态磷酸盐的有效化

即由无机态难溶性的磷酸盐转化为易溶性磷。

3.土壤钾素状况

（1）土壤中钾素的含量

钾是地壳中含量较丰富的营养元素之一。我国各地土壤全钾含量差异很大，大体呈南低北高、东低西高的趋势。

（2）土壤中钾素的形态

水溶性钾：存在于土壤溶液中的钾离子，是土壤中活动性最高的钾，是植物钾素营养的直接来源，它占全钾量的比例最低。

交换性钾：土壤胶体表面所吸附的，并易被其他阳离子所置换的钾，是土壤中速效钾的主体。

非交换性钾：也称缓效性钾，缓效性钾是速效性钾的贮备库，其含量和释放速率因土壤而异。

矿物钾：键合于矿物晶格中或深受晶格结构束缚的钾。矿物钾只有经过风化作用后，才能变为速效性钾，然而这个过程是相当缓慢的，只能看作是钾的库存。

（3）土壤中钾素的转化

当土壤溶液中的钾被农作物吸收或淋溶损失后，土壤表面吸附的钾就会向溶液中转移，当土壤溶液中的钾浓度提高，钾就向固相表面转移。在自然条件下，转化作用主要是朝向可溶性钾的补充，它可通过阳离子交换或矿物的酸溶作用进行。溶液钾和交换性钾之间的平衡是瞬间发生的；交换性钾和非交换性钾之间的平衡速率较慢；而矿物钾的释放是非常缓慢的。

（二）土壤中量元素

1. 土壤钙素状况

（1）土壤中钙素含量

我国土壤全钙含量因成土母质、风化淋溶强度等的不同而差异明显，高温多雨湿润地区，不论母质含钙多少，在漫长的风化、成土过程中，受淋失后含钙量都很低。

（2）土壤中钙素形态

矿物态钙：存在于土壤矿物晶格中，不溶于水，也不易为溶液中其他阳离子所代换的钙。

交换性钙：吸附于土壤胶体表面的钙离子，是土壤中主要的代换性盐基之一，是植物可利用的钙。

水溶性钙：存在于土壤溶液中的钙离子，含量因土而异，是土壤溶液中含量最高的离子。交换性钙和水溶性钙之和称为有效态钙。

（3）土壤中钙素转化

矿物态钙经化学风化以后，以钙离子进入土壤溶液。其中一部分为胶体所吸附成为交换态离子。钙的另一部分以较简单的碳酸盐、硫酸盐等形态存在。硫酸钙通常存在于干旱地区土壤中，并有游离碳酸钙或方解石出现。交换性钙与水溶性钙呈平衡状态，后者随前者的饱和度增加而增加，也随 pH 值的升高而增加。土壤交换性钙的释放取决于交换性钙的总量、交换性钙的饱和度、土壤黏粒的类型、吸附在黏粒上的其他阳离子的性质。

2.土壤镁素状况

（1）土壤中镁素的含量

土壤全镁含量主要受成土母质和风化条件等的影响。我国南方热带和亚热带地区，土壤全镁含量低。其中以粤西地区的土壤，全镁含量为最低。华中地区的红壤，高于华南地区的砖红壤和赤红壤。

（2）土壤中镁素的形态

水溶性镁：是存在于土壤溶液中的镁离子，在土壤溶液中含量仅次于钙。

交换性镁：是指被土壤胶体吸附的镁，是植物可以利用的镁。交换性镁含量与土壤的阳离子交换量、盐基饱和度以及矿物性质等有关。交换量高的土壤，交换性镁亦高。

非交换性镁：非交换性镁可作为植物能利用的潜在有效态镁，它比矿物态镁更具有实际意义，但它的成分和含义还不十分明确。

矿物态镁：它是土壤中镁的主要来源，存在于原生矿物和次生黏土矿物中的镁称为矿物态镁。

（3）土壤中镁素的转化

矿物态镁在化学和物理风化作用下，逐渐发生破碎和分解，分解产物则参与土壤中各种形态镁之间的转化和平衡。交换性镁和非交换性镁之间存在着平衡关系，非交换性镁可以转化释放为交换性镁，交换性镁也可以转化为非交换性镁而被固定，土壤溶液中的镁和交换性镁之间也是一个平衡关系，但其平衡速度较快。水溶性镁随交换性镁和镁的饱和度增加而增多。

3.土壤硫素状况

（1）土壤中硫素的含量

在我国南部和东部湿润地区，有机硫占土壤全硫量比例较高，且常随土壤有机质含量而异。黑土和林地黄土壤全硫含量亦高，在该地区以易溶性硫酸盐和吸附硫为主。在干旱的石灰性土壤区，则以无机硫占优势，且以易溶性硫酸盐和与碳酸钙共沉淀的硫酸盐为主。

（2）土壤中硫素的形态

① 无机硫

a.水溶态硫酸盐：溶于土壤溶液中的硫酸盐，如钾、钠、镁的硫酸盐。

b.吸附态硫：吸附于土壤胶体上的硫酸盐。由于土壤硫酸盐受淋洗作用影响，常积累在表土以下。

c.与碳酸钙共沉淀的硫酸盐：在碳酸钙结晶时混入其中的硫酸盐与之共沉淀而形成的，是石灰性土壤中硫的主要存在形式。

d.硫化物：土壤在淹水情况下，由硫酸盐还原而来，及由有机质厌氧分解而形成。

② 有机硫

土壤中与碳结合的含硫物质。其来源有三种：ⓐ新鲜的动植物遗体；ⓑ微生物细胞和微生物合成过程的副产品；ⓒ土壤腐殖质。在湿润地区排水良好的非石灰性土壤上，大部分表土中的硫是有机形态的。有机硫是土壤贮备的硫素营养。

（3）土壤硫素的转化

① 无机硫的转化

a.无机硫的还原作用：硫酸盐还原为 H_2S 的过程。主要通过两个途径进行：一是由生物将 SO_4^{2-} 吸收到体内，并在体内将其还原，再合成细胞物质；二是由硫酸盐还原细菌将 SO_4^{2-} 还原为还原态硫。

b.无机硫的氧化作用：生物固定还原态硫氧化为硫酸盐的过程。参与这个过程的硫氧化细菌利用氧化的能量维持其生命活动。

② 有机硫的转化

土壤有机硫在各种微生物作用下，经过一系列的生物化学反应，最终转化为无机硫的过程。在好氧情况下，其最终产物是硫酸盐；在厌氧条件下，则为硫化物。

（三）土壤微量元素

1.土壤微量元素的含量

土壤中微量元素的含量主要受成土母质的影响，同时成土过程又进一步改变了微量元素的含量，有时会成为决定微量元素含量的主导因素。一般基性岩浆岩母质上发育的土壤，Fe、Mn、Cu、Zn含量较酸性岩浆岩母质上发育的土壤高；沉积岩母质上发育的土壤，硼含量高于岩浆岩母质上发育的土壤。南方强烈淋溶的砖红壤中，铁大量富集。黏质土壤的微量元素含量较高，而砂质土壤微量元素含量一般较低。土壤有机质可以与微量元素发生络合反应，使微量元素富集，因此富含有机质的表层土壤或有机土，微量元素含量较高。

2.土壤微量元素的形态

① 水溶态：通常指土壤溶液中或水浸提液中所含有的微量元素。这种形态

的微量元素含量很低。水溶态微量元素主要是简单的无机阳离子及其水解离子与一些小分子有机物形成络合物，也可溶解在溶液中。

② 代换态：指吸附在土壤胶体表面而可被溶液中的离子交换下来的那部分微量元素，一般土壤中代换态微量元素含量不高。

③ 有机结合态的微量元素：这类形态的微量元素主要是与土壤中的胡敏酸和富里酸形成的络合物。微生物将有机物分解后会释放出这类微量元素。

④ 矿物态：指存在于矿物晶格中的微量元素。土壤中含微量元素的矿物很多，但大多数矿物的溶解度都很低。在酸性条件下大多数矿物溶解度有所增加，而有些微量元素则是在碱性条件下易从矿物中溶解出来。

⑤ 与土壤中其他成分相结合：共沉淀而成为固相的一部分或被包被在新形成的固相中的微量元素，可以通过共沉淀或吸附作用与碳酸盐作用而被固定。土壤中的铁、锰氧化物以胶膜、锈斑、结核或颗粒间胶结物形式存在时，对微量元素的吸附作用很强，也可产生共沉淀现象，以这些形态存在的微量元素不能被水浸提或交换出来。

六、土壤供肥能力

土壤的供肥性能是指土壤供应植物所必需的各种速效养分的能力，即能将迟效养分迅速转化为速效养分的能力，它直接影响植物的生长发育、产量和品质。了解土壤的供肥性能，对调节土壤养分和农作物营养是非常重要的。

根据植物对各种营养元素吸收利用的难易程度，一般将土壤养分分为速效性养分和迟效性养分两大类。速效性养分又称有效养分，即直接被植物吸收利用的养分，如水溶性的各种盐类等。迟效性养分，大多以复杂的有机化合物和难溶的无机化合物的状态存在，植物不能直接吸收利用。

（一）土壤的供肥能力的表现

从满足植物整个生长发育时期对养分的需要出发，土壤供肥能力主要表现在：①土壤供应各种速效养分的数量；②各种迟效养分转化为速效养分的速率；③各种速效养分持续供应的时间。因此，从植物的角度来理解土壤的供肥能力其实质是土壤中各种养分的供应数量、供应速度及供应时间长短和植物生理特点是否协调的综合表现。

1.土壤中各种速效养分的数量

土壤中各种速效养分的数量是反映植物能直接吸收利用的养分数量，其数量多少说明肥劲的大小。确定土壤供肥能力大小的速效养分的数量指标，常因植物类型、产量水平、生长发育时期、土壤类型及测定方法而有差异，因此必须通过大量的试验工作才能确定。

农作物高产土壤养分的数量首先要充足，但不是含量高就一定能达到高产，农作物高产是综合因素所决定的。

土壤养分的供应数量一般以速效养分的数量为主，但了解该种养分的全量对土壤供肥能力发展的趋向也有很大帮助。土壤中某种养分的全量，虽然不能直接反映出土壤的供肥能力，但却是持续地供应该种养分的基础，反映出土壤供应该种养分潜在能力的大小，通常把它称作供应容量；速效养分占全量的比例，可说明养分转化供应能力的强弱，通常把它称作供应强度。如果供应容量大，供应强度也大，表示当前和今后养分的供应都较为充足不致脱肥。如果两者都小，则表明当前和今后都必须考虑及时追肥。如果供应容量大，而供应强度小，说明养分转化能力差，则应通过中耕、松土、排灌等措施，调节土壤水、气、热状况，或改变酸碱反应，加强微生物活动，以改变土壤的环境条件，来促进养分的转化供应。如果供应容量小而供应强度大，则在以后某个阶段可能脱肥，要准备在今后补充肥料，以免脱肥。

2.迟效养分转化为速效养分的速率

土壤供肥能力大小的另一个重要的标志，就是土壤中迟效养分转化为速效养分的速率。土壤中养分的转化速率高，则说明速效养分供应及时，肥劲猛；如果土壤中养分的转化速率低，则说明速效养分供应不及时，肥劲缓，则需改善土壤养分的转化条件，或者及时追施速效性肥料。

3.速效养分持续供应的时间

土壤中速效养分持续供应时间的长短，是土壤肥力大小在时间上的表现。如果养分持续供应的时间长，农作物各个生育时期内都能得到较多的养分，肥劲长而不易脱肥；如果养分持续供应的时间短，在农作物各个生育期，特别是中期和后期，养分供应数量不足，容易脱肥。因此，在生产中，应当把不同时期内供应速效养分数量的动态变化，同农作物各个生育期的要求联系起来加以考虑，并通过施肥和调节土壤水分加以调控。

（二）土壤养分的有效化过程

土壤养分的有效化过程是一个对立矛盾的发展过程，如土壤中迟效养分的分解释放和化学固定的矛盾，土壤胶体上养分物质的解吸和吸收保存的矛盾，同时，还要注意从总的方向上解决养分积累和消耗的矛盾，即围绕植物的丰产要求，加强土壤养分积累的同时，不断地促进其分解和释放，增强土壤的供肥能力。

1.代换性离子的饱和度效应

土壤胶体上代换性离子养分的有效性，不仅决定于该离子的绝对数量，同时决定于该离子代换性阳离子中的比例大小。某种阳离子在土壤胶体表面吸附的数量占阳离子代换量的百分数，称为该代换性离子的饱和度。该离子的饱和度越大，被代换到土壤溶液中的机会越多，有效性就越高。

我国农民群众常说的"施肥一大片，不如一条线"，穴施基肥、追肥，条施种肥以及各地实行的坑种、渠田、大窝种植等集中施肥的经验，都体现了这个科学道理。

2.陪补离子效应

在土壤胶体上，一般同时吸附着多种阳离子，对其中某一种离子来说，其他离子都是它的陪补离子，这些离子养分的有效度，与陪补离子的种类有关。陪补离子与土壤胶粒之间吸附力越大，则越能提高该种养分离子的有效度。

（三）影响土壤供肥性的因素

土壤是植物生长的营养基地。土壤的固相、液相和气相组成之间的各种化学变化和由此产生的各种性质，都直接影响植物的根部营养和根系的生命活动。

1.土壤溶液的组成和浓度

土壤溶液是非常稀薄的不饱和溶液，溶液的组成和浓度经常随生物的活动、水气热条件、酸碱度和施肥等因素而发生变化。土壤溶液的浓度和组成与养分的有效性密切相关。在一定低浓度范围内，土壤养分离子的有效性，随溶液浓度的增高而增大。在浓度较高时，随浓度增加而减少。土壤溶液的组成不同，也会影响有关离子的有效性。

2.土壤的酸碱反应

土壤的酸碱反应对土壤中的多种化合物的形态转化有密切的影响，因此也就直接影响到各种养分的有效度，土壤中磷的有效性受 pH 值影响最大，无论是化学沉淀反应、表面反应机制或闭蓄机制都受 pH 值变化的影响。

3.土壤氧化还原电位

土壤中各种营养元素的化合物处于有效状态时农作物才能吸收利用。一般来说，这些营养元素的有效状态大多呈氧化态，只有氮素作物无论对还原态的铵态氮，或氧化态的硝态氮均可吸收利用，但硝态氮仍优于铵态氮。

七、土壤水分

土壤水分是土壤的重要组成部分，水分直接参与了土体内各种物质的转化淋溶过程，从而影响到了土壤肥力的产生、变化和发展，对土壤形成有极其重要的作用。同时这个过程也是农作物吸水的最主要来源，是自然界水循环的一个重要环节，水处于不断的变化和运动中，直接影响到农作物的生长以及土壤中许多物理、化学和生物学过程的进行。

（一）土壤水分的来源

土壤水分的来源是大气降水、凝结水、地下水和人工灌溉水。其中大气降水是主要的来源，凝结水在干旱地区以及粗质土壤上也有一定意义。而地下水和人工灌溉水，实际上主要也是从大气降水和部分凝结水转变而来的。

在地下水位很深、对土壤无影响的地方，通常大气降水是土壤水分的主要来源；在有灌溉水补给的情况下，土壤含水量就与降雨量和灌水量密切相关，每次降雨或灌水都使土壤含水量增加。

在地下水位高，即地下水位等于或小于其适宜深度时，地下水便成为土壤水分的重要来源。在不透水层靠近地面的地方，特别是在河床高于地面的地段，地下水常常是土壤水分的重要来源。荒漠地区某些绿洲的存在，也与承压地下水补给土壤水有关。此外，寒冷地区在土壤冻结过程中，由于上下土层间的温度梯度悬殊，可使深层水分向土壤上层聚集。

（二）土壤水分的消耗

大气降水除了植被（特别是林冠）截流和地面径流外，其余部分便进入土壤中成为土壤水分。土壤水分的消耗有以下途径：

1. 向下渗漏、侧向径流和地下径流

在降雨过程中，当土壤饱吸了水分，多余的水便通过土壤的大孔隙向下渗漏到地下水层中。山坡上流入土壤的重力水，便沿着基岩或不透水层斜面向下流向地下或溪谷。此外，在坡地上较厚的森林凋落物层中，也可以形成侧向径流。在不透水层的层面倾斜地段，地下水易发生流动，可从斜面高处流向低处，甚至流向河谷，称为地下径流。这种情况可以导致斜面高处地下水的损失。人工开挖的排水沟或安置在土壤中的排水暗管，也可以达到促进地下径流的目的。

2.蒸发

保持在土壤中的水分，在一定情况下会因地面蒸发而损失。地面蒸发是指土壤的液态水转变为气态而散失于大气中的过程。

3.蒸腾

在生长着植被的土壤上，有效水的消耗主要是由植物的蒸腾作用导致的。所谓蒸腾，是指土壤水通过植物机体的作用，主要从叶面上以气态散入大气中的过程。蒸腾作用不仅能消耗植物根系活动层土壤的有效水，而且还能通过毛细管的输导作用而消耗地下水。这种现象在山麓、平原、山谷地带的乔木林中最为显著。

（三）土壤水分的调节措施

1.加强农田基本建设，改善土壤水分状况

农田基本建设主要包括改造地表条件、平整土地和改良土壤、培肥地力两个方面。山丘区以改造地形、修梯田、打坝堰、小流域治理等保持水土为主，把"三跑田"改造成"三保田"。平原地区以平整土地、兴修水利工程为主，以建立田、渠、林、路、电配套的旱涝保丰收的高产园田；在低洼下湿区以排灌配套、修筑台田和条田、排涝洗盐改土为主。

2.科学合理灌排，控制水分

合理灌排主要是指根据农作物、土壤和当地的具体实际情况确定灌排制度、方法等。首先根据农作物需水量的大小确定灌溉定额，根据农作物的不同生育期进行灌溉。一般农作物前期和后期需水较少，而旺盛生长期则需水较多，应多灌、灌足。因土灌排，一般砂性土保水性差，要注意少量多次灌水补墒，切忌大水漫灌；而黏性土保水性强，应注意排水通气，可采取少次多量灌溉。根据当地的具体情况采用适宜的灌溉方法。低洼下湿地区要注意排水散墒。南方早稻秧田实行"日排夜灌"可以提高土温促进秧苗健壮生长，盛夏酷热时实行"日灌夜排"，利于降温，避免水稻早衰。

3.精耕细作，蓄水保墒，调温通气

合理耕翻可以创造疏松深厚的耕作层。一般秋季和伏天要深耕，起到纳雨蓄墒、伏雨春用或秋雨春用的作用。秋耕要早要深，春耕宜早宜浅。蓄水聚肥改土耕作，这种耕作方法是将表土、底肥等集中回填到挖好的沟内或坑内，在沟内或坑内种植农作物。深松耕作是在不翻转土层的情况下，可以调整耕层以下的土壤构造，具有深层蓄水、调节土壤水气热状况的作用。

4.合理施肥，调节土壤水气热

首先要重视有机肥的施用。有机肥不仅可以直接为农作物提供有机养分和无机养分，而且可很好地改善土壤的孔性、结构性、保水性和稳温性等，同时要注意有机肥与无机肥以及各种无机肥料之间的配合施用，可以提高水的利用率。施肥恰当时可以降低农作物的蒸腾系数，提高农作物产量。

第二节　土壤退化了怎么办？

一、土壤退化概述

（一）土壤退化概念与特点

土壤退化指土壤生产能力、环境调控能力、保障动植物和人类安全的能力下降，表现为两个方面：一是数量减少，二是质量下降。如表层土壤损失、整个土体损坏、非农业占用等，使土壤资源数量减少。作为一种资源，土壤在数量上是不可再生的，但在质量上保持地力常新，这是可以做到的。只要合理利用土壤，其功能就会持续地发挥下去。从这个角度来看，可能土壤质量退化潜在危害性更大。另外，土壤退化是自然因素和人为因素共同作用的结果，自然因素包括破坏性的自然灾害和异常的成土因素。但是随着人类活动对土壤的影响越来越大，人为因素加剧土壤的退化，甚至是土壤退化的主要原因。

土壤退化的另一个特点是生态环境的连锁效应。土壤发生退化后，产生的影响可能不仅限于土壤，也不仅限于土壤上生长的植物。例如土壤受到重金属或者有机污染，土壤中残留的这些污染物就会被根系吸收，进入到植物体、动物或者是人类通过食用会吸收这些有害物质，进而对健康产生危害。这就是土壤退化的环境连锁效应。

（二）土壤退化分类

土壤退化的种类非常多，不同的分类体系会有一些差异。联合国粮农组织把土壤退化分成10个大类，包括侵蚀、盐碱化、有机废料、传染性生物、工业无机废料、农药、放射性污染、废料、洗涤剂以及重金属污染，后来又添加了3个大类，包括旱涝障碍、养分匮缺和非农业占用耕地。

我国根据实际情况，把土壤退化的类别分成了6个大类。第一大类是耕地

图 联合国粮农组织对土壤退化的分类

的非农业占用。第二个大类是土壤侵蚀，根据成因也可以分为水侵蚀，即水土流失，冻融侵蚀和重力侵蚀。第三个大类是土壤沙化。第四个大类是土壤污染，土壤污染又包括无机污染、有机废物污染、农药污染、放射性污染，及有害生物污染等。第五个大类是土壤性质恶化，分为土壤板结、潜育化和次生潜育化、土壤酸化。第六个大类是土壤盐碱化。

我们所面临的土壤健康或者土壤质量的问题还是比较多的，除了提到的土壤酸化、土壤盐碱化、土壤板结等，耕层变浅、有机质含量较低、土壤营养失调等也都很常见。土壤和植物的系统病以及设施农业综合征等，在一些经济作物或者是设施作物里面也是非常常见的现象。土壤退化的这些类别有时并不是单一发生的，比如土壤有机质减少和土壤营养失调，这些症状可能同时出现。

二、土壤沙化及其防治

土壤沙化泛指良好的土壤或可利用的土地变成含沙很多的土壤或土地甚至变成沙漠的过程。土壤沙化主要是风蚀和风力堆积过程。在沙漠周边地区，由

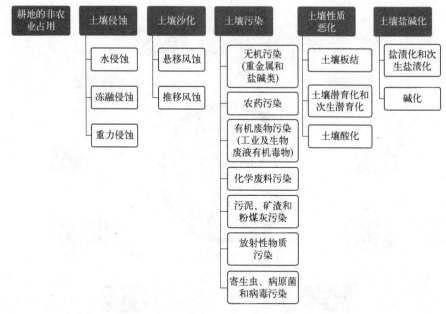

图　我国土壤退化的分类

于植被破坏或草地过度放牧或开垦为农田，土壤失水而变得干燥，土粒分散，被风吹蚀，细颗粒含量降低，而在风力过后或减弱的地段，风沙颗粒逐渐堆积于土壤表层而使土壤沙化。因此，土壤沙化包括草地土壤的风蚀过程及在较远地段的风沙堆积过程。

（一）我国土壤沙化概况

土地沙漠化是当今人类面临的重要生态环境问题之一。我国是世界上受沙化危害最严重的国家之一，并且还有蔓延发展的趋势。一是面积大、分布广。据国家林业和草原局第六次沙化土地监测结果，截至 2019 年年底，全国沙化土地面积达 257.37 万平方千米，占国土面积的 26.81%、涉及全国 30 个省（区、市）。沙化土地面积 168.78 万平方千米，占国土面积的 17.58%；具有明显沙化趋势的土地面积 27.92 万平方公里，占国土面积的 2.91%。二是扩展速度快，发展态势严峻。据动态观测，20 世纪 70 年代，我国土地沙化扩展速度为每年 1560 平方千米，80 年代为 2100 平方千米，90 年代达 2460 平方千米，21 世纪初达到 3436 平方千米。相比于国家林业和草原局第二次沙化土地监测结果（截至 2005 年年底，全国沙化土地面积达 174.3 万平方千米，占国土面积的 18%），第六次监测结果中沙化土地面积和国土占比均大幅度增加。

（二）我国土壤沙化类型

根据土壤沙化区域差异和发生发展特点，我国沙漠化土壤（地）大致可分为3种类型：

1.干旱荒漠地区的土壤沙化

分布在内蒙古的狼山-宁夏的贺兰山-甘肃的乌鞘岭以西的广大干旱荒漠地区，沙漠化发展快，面积大，占沙漠化土地总面积的30.7%。该地区由于气候极端干旱，突然沙化后很难恢复。

2.半干旱地区土壤沙化

该区有447万公顷农田、700万公顷草场，年降水量在250～500毫米。主要分布在内蒙古东部和中西部、河北北部、晋西北、陕北及宁夏东南部。主要发生在干草原与荒漠草原地带，我国沙漠化比较集中分布的区域，约占沙漠化土地总面积的65.4%。该地区引起的沙漠化在消除人为干扰后，有逆转可能。

3.半湿润地区土壤沙化

主要分布在黑龙江、嫩江下游，其次是松花江下游、吉林白城地区的东部，东辽河中游以北地区，呈狭带状断续分布在河流沿岸。沙化面积小，约占沙漠化土地总面积的3.9%。发展程度较轻，并与土壤盐渍化交错分布，属林－牧－农交错地区。在不继续破坏其生态平衡的前提下，有自我逆转可能的特点，在合理利用土地资源和采取适当措施的情况下，能加速其逆转过程。

（三）土地沙漠化产生原因

沙漠化土地的形成，主要是人为过度的经济活动，破坏干旱、半干旱及部分半湿地的生态平衡所引起的一种退化过程。沙漠化土地产生的原因，以人为因素为主，自然因素为辅。

① 干旱气候引起的风沙。第四纪以来，随着青藏高原的隆起，西北地区干旱气候日益加剧，雨水稀少，风大沙多，使土壤沙化逐渐发展。

② 人为活动引起的风沙。人为活动是土壤沙化的主导因素，原因是人类活动使水资源短缺，加剧干旱和风蚀，农垦和过度放牧，植被覆盖率降低。据统计，人为因素引起的土壤沙化占总沙化面积的94.5%，其中农垦不当占25.4%，过度放牧占28.3%，森林破坏占31.8%，水资源利用不合理占8.3%，开发建设占0.7%。

（四）土壤沙化的危害

① 降低土壤肥力，缩小耕地面积。土地沙化过程中被风吹走了土壤中的细

小土粒和营养物质，恶化了土壤物理化学性质和水分状况，使大面积土壤失去农、牧生产能力，使有限的土壤资源面临更为严峻的挑战。

② 毁坏农作物生长。在遭受风蚀的土壤上，常使种子和幼苗吹走吹露，造成缺苗断垄，降低产量；风沙流割打植株以后，往往造成农作物枯叶、落花、生长发育不良，引起晚熟、减产，甚至绝收。

③ 沙埋耕地和草场。在风蚀地的下风方向，风沙聚集在耕地中的垄沟和幼苗周围，形成覆沙和小丘，致使耕地被沙埋压、农作物死亡或减产；风沙还埋压草场，造成草场退化，牧草植物的种类减少，生物生产量下降。

④ 危害工矿、交通和居民点。表现形式有吹蚀和埋压路基，风沙天气降低能见度，埋压厂房和居民点。

⑤ 危害河流、水库。黄河中游沿岸的风沙经常吹入河道；风沙还淤填水库，影响库容和水库安全。

⑥ 使大气环境恶化。土壤大面积沙化，使风挟带大量沙尘在近地面大气中运移，极易形成沙尘暴，甚至黑风暴。

⑦ 危害健康。风蚀产生的尘土严重污染大气，容易引起鼻炎、喉炎、眼症及肺尘埃沉着病等；牲畜采食有细土污染的枯草后，因消化不良和胃胀，引起死亡和落胎。

（五）土壤沙化的防治

土壤沙化的防治重在防，从地质背景上看，土地沙漠化是不可逆的过程。防治重点应放在农牧交错带和农林草交错带，在技术措施上要因地制宜。

① 营造防沙林带。我国已实施建设"三北"地区防护林体系工程，应进一步建成为"绿色长城"。因植树造林已使数百万公顷农田得到保护，轻度沙化得到控制。

② 实施生态工程。我国的河西走廊地区，在北部沿线营造了 1220 千米的防风固沙林 13.2 万公顷，封育天然沙生植被 26.5 万公顷，在走廊内部营造了约 5 万公顷农田林网，一些地方如今已成为林茂粮丰的富庶之地。

③ 建立生态复合经营模式。内蒙古东部、吉林白城地区、辽西等半干旱、半湿润地区，有一定的降雨量，土壤沙化发展较轻，应建立林农草复合经营模式。

④ 合理开发水资源。在新疆、甘肃的黑河流域应当高度重视水资源的合理利用问题。因此，应合理规划，调控河流上、中、下游流量，避免下游干涸，控制下游地区的进一步沙化。

⑤ 控制农垦。土地沙化正在发展的农区，应合理规划，控制农垦。草原地区应控制载畜量，原则上不宜农垦。旱粮生产应因地制宜控制在沙化威胁小的地区并实行牧草与农作物轮作，培育土壤肥力。

⑥ 完善法制。严格控制破坏草地，在草原、土壤沙化地区，工矿、道路以及其他开发工程建设必须进行环境质量评价。对人为盲目的种粮、樵采、挖掘中药等活动要依法从严控制。

（六）砂质土壤改良利用

除以上地区的沙漠化土壤外，我国其他地区尤其是沿江沿河地区也有很多砂质土壤分布，这主要是相对于黏质土和壤质土，其含颗粒较大的砂粒多，粒径较小的黏粒少。砂质土粒间多为大孔隙，土壤通透性良好，透水排水快，但缺乏毛细管孔隙，土壤持水量小，蓄水保水抗旱能力差。由于本身缺乏养分元素及吸附养分的胶体，土壤保蓄养分的能力低，养分易流失，表现为养分贫乏，保肥耐肥性差，施肥时肥料快且猛，但不持久。砂质土因水少气多，土温变幅大，昼夜温差大，土温上升快、下降快。土表高温不仅直接灼伤植物，也造成干热的近地层小气候，加剧土壤和植物的失水。砂质土疏松，结持力小，易耕作，但耕作质量差。砂质土壤在生产上表现出来的性状，往往不同程度制约了植物生长，需要进行改良。

1.客土法

对过砂的土壤，可采用"砂掺泥"的办法，调整土壤的砂黏比例，以达到改良质地、改善耕作、提高肥力的目的。这种搬运别地土壤掺和到过砂的土壤里，使之相互混合，以改良本土质地的方法称为"客土法"。客土法可在整块田进行，也可在播种行或播种穴中进行。对于砂土，可施用大量塘泥、湖泥等，既可改变质地，又可增加养分，增厚耕作层。

对于沿江、沿河的砂质土壤，可以采用"引洪漫淤法"改良。有目的地把洪流有控制地引入农田，使细泥沉积于砂质土壤中，就可以达到改良质地和增厚土层的目的。所谓"一年洪水三年肥"，指的就是这种漫淤肥田的效果。在实施过程中，要注意边灌边排，尽可能做到留泥不留水。为了让引入的洪水中少带砂粒，要注意提高进水口，截阻砂粒进入。

2.农艺措施

一方面是耕翻法，也称翻淤压砂法，指对于砂土层下不深处有黏土层的土壤，可采用深翻达到砂黏掺和，以达到合适的砂黏比例，改善土壤物理性质，从而提高土壤肥力。另一方面是合理种植，不同植物有自身合适的生长条件，例如花生、土豆、山药、毛豆、红薯等农作物，适宜种植在土壤较为疏松、质地偏砂的土壤环境中。

3.施用有机类肥料

通过增施有机肥可以提高土壤中的有机质含量。因为土壤有机质的黏结力比砂粒强，增加有机质含量，对砂质土壤来说可使土粒比较容易黏结成小土团，从而改变了原先松散无结构的不良状况。因此，增施有机肥可以改良土壤结构，从而消除过砂土壤所产生的不良物理性质。此外，通过种植田菁、绿豆、苜蓿、紫云英、草木樨等也可以增加土壤有机质，创造良好的土壤结构。近年来，其他一些有机类肥料，如生物质炭、腐殖酸等也可以通过增加土壤有机质，改良砂质土壤结构。

三、土壤酸化及其防治

（一）土壤酸化相关概念

土壤酸化一直是农业生产者比较关注的一个问题。土壤的酸碱性可以用 pH 值来表示。土壤是由大量的不同粒径的土粒组成的，它们可以吸附很多的氢离子，当土壤吸附的氢离子比较多时，土壤 pH 值就偏低，表示土壤酸性较强，当土壤吸附的氢离子较少时，pH 值就较高，这时土壤的酸性就较弱。简单来说，我们把 pH 值比较低的叫作酸性土壤，把 pH 中等的叫作中性土壤，把 pH 值比较高的叫作碱性土壤。我国土壤的 pH 值总体趋势是从南向北逐渐降低，也就是北方的土壤偏碱性和中性，南方的土壤偏酸性。

表　土壤 pH 值和酸碱性分级

土壤 pH	<4.5	4.5～5.5	5.5～6.5	6.5～7.5	7.5～8.5	8.5～9.5	>9.5
酸碱性	强酸性	酸性	微酸性	中性	微碱性	碱性	强碱性

土壤酸化是指原来碱性或者中性的土壤，因为自然或者人为原因，慢慢地变成酸性土壤，或者是土壤 pH 下降。近年来，我国土壤尤其是农田土壤的酸化受到越来越多的关注。有研究表明，我国主要农田土壤的 pH 值在过去二三十年平均下降了 0.5 个单位。这是一个非常严重的现象，因为在自然条件下 pH 值下降 0.5 个单位是需要很长的时间的，说明人为的原因加速了土壤酸化。

（二）土壤酸化原因

土壤为什么会发生酸化？上面提到土壤是由很多的土壤颗粒组成的，这些土壤颗粒被称为土壤胶体，土壤胶体上有很多电位，这些电位能够吸附离子。土壤胶体上吸附的离子可以分成两个大类：第一类是盐基离子，包括钾离子、钠离子、钙离子、镁离子和铵离子等；第二类是致酸离子，包括氢离子和铝离子。氢离子和铝离子的吸附性比盐基离子强，也就是说盐基离子抢占胶体上的电位时争不过致酸离子。因此，在自然条件下，钾离子、钠离子、钙离子、镁离子等盐基离子会逐渐淋失，而致酸离子在土壤胶体上相对富集，这个过程会导致在自然条件下土壤胶体所吸附的氢离子和铝离子越来越多，而盐基离子越来越少，土壤就逐渐变酸，这是土壤的自然酸化。

在土壤酸化过程中，土壤胶体上吸附的盐基离子逐渐淋失，而氢离子和铝离子逐渐富集。那么氢离子是从哪里来的呢？土壤中氢离子来源有很多，包括水的解离、碳酸的解离、氧化产生的无机酸和有机酸的解离。植物在生长过程中也会通过根系向土壤分泌氢离子，比如根系在吸收铵离子作为营养的时候，同时会向土壤中释放一个氢离子。此外，人为原因导致的酸雨也会给土壤带来很多的氢离子。可见，施肥尤其是不合理的施肥，会对土壤酸化产生很大的影响。

一些农田长期定位试验的研究表明，相对于其他施肥处理，长期单一地使用氮肥的土壤酸化现象更严重一些。这是因为氮肥施入到土壤以后会发生各种各样的转化，这些过程会产生氢离子。比如说农民施用铵态氮肥以及硫酸铵、

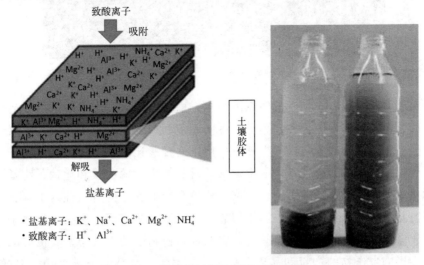

- 盐基离子：K^+、Na^+、Ca^{2+}、Mg^{2+}、NH_4^+
- 致酸离子：H^+、Al^{3+}

图　土壤酸化过程示意图（附彩图）

氯化铵等氮肥，它们进入到土壤后会发生硝化反应，一个铵离子和两个氧离子，生成硝酸根和水，同时产生两个氢离子，这也是土壤氢离子的来源之一。因此，长期大量不合理地施用化肥，可能会加剧土壤的酸化。

（三）土壤酸化影响

那么土壤酸化以后会对土壤质量产生什么影响呢？研究表明，在相同的环境条件和管理下，中性和酸性土壤上种植的玉米在生长发育和抗病性上都存在着很大的差异；从根系上也可以看出来，中性土壤上的玉米根系生物量和根系形态要优于酸性土壤上的玉米根系；从最后的产量上，中性土壤上的玉米产量远远高于酸性土壤上的玉米产量。

图　土壤酸性对玉米的影响（附彩图）

土壤酸化影响农作物产量的原因是多方面的。第一，土壤酸化可能活化土壤里的重金属，如铝离子和锰离子，进而对植物产生铝毒或者锰毒，铝离子和锰离子会影响细胞的分裂，减少呼吸作用；而且酸化土壤中过多的氢离子可能会影响根细胞膜的通透性，进而影响根系对其他离子的吸收和运输，这是土壤酸化对根系的直接影响。第二，土壤酸化还会影响养分的有效性。土壤胶体可以吸附盐基离子和致酸离子，当土壤胶体上吸附的氢离子过多时，钾离子、钙离子、镁离子等盐基离子就会减少，它们都是植物的营养来源，其供应能力下降，会影响农作物的产量和品质。第三，土壤酸化会影响土壤生物的多样性，不同的土壤微生物有其适宜生长的土壤 pH 值，例如细菌和放线菌比较喜欢在中性或者是微碱性的土壤中生存，而真菌喜欢酸性土壤，土壤 pH 值小于 5 时它们更加活跃。因此，土壤酸化会影响这些微生物的生长和繁殖，这可能会使土传病害加重。

土壤酸化会影响养分有效性。随着土壤 pH 值的变化，不同元素的活性会发生变化。总体上，在 pH 值 6.5 的时候，各种营养元素的活性都比较高，此时土壤适合于多种农作物的生长。土壤 pH 值过高或过低时，氮素的有效性均会降低。钾素和硫素在 pH 值较低时活性减弱；而高 pH 值下活性保持较高。对于磷元素而言，pH 值 6.5～7.5 时的活性最高，而小于 6.5 和高于 7.5 时，磷素活性急剧下降。这是因为土壤 pH 值过低时，磷素会与土壤中的铝和铁等形成沉淀，导致活性降低；而 pH 值比较高的时候，磷会和钙反应发生沉淀，这也导致磷的有效性降低。

对于其他中微量元素，在强酸和强碱的土壤中，有效钙和有效镁的含量比较低，而 pH 值在 6.5～8.5 的土壤中，有效钙和有效镁的含量比较高一些。铁、锰、铜、锌在酸性和强碱性的土壤中有效性比较高，而在土壤 pH 值高于 7 时，铁、锰、铜、锌元素的活性会下降，常常导致这些元素的供应不足。钼在强酸性的土壤中有效性比较低，而在大于 6 时有效性增加。硼素的有效性和 pH 值的关系比较复杂，在强酸性的土壤中和 pH 值 7.0～8.5 的碱性土壤中，有效性都比较低，而在 6.0～7.0 以及大于 8.5 的碱性土壤中硼的有效性较高。

（四）土壤酸化防治

首先是一些适应性的措施，就是根据不同的土壤酸性特征，选择种植不同的农作物。因为不同的农作物生长的适宜 pH 值范围不一样，虽然大部分农作物喜欢生长在中性土壤上，但也有一部分农作物更喜欢生活在偏酸性的土壤上。土壤酸化后，可以选择种植一些偏酸性的农作物，比如马铃薯、花生、烟草、胡萝卜、柑橘和茶树等，相对于其他农作物，对土壤酸性的耐受性就比较强一些。

表　植物生长适宜的土壤 pH 值范围

大田作物		园艺作物		林业植物	
名称	适宜 pH	名称	适宜 pH	名称	适宜 pH
水稻	6.0～7.0	胡萝卜	5.0～6.0	槐树	6.0～7.0

大田作物		园艺作物		林业植物	
名称	适宜 pH	名称	适宜 pH	名称	适宜 pH
小麦	6.0~7.0	番茄	6.0~7.0	白杨	6.0~8.0
大麦	6.0~7.5	西瓜	6.0~7.0	洋槐	6.0~8.0
大豆	7.0~8.0	南瓜	6.5~8.0	松树	5.0~6.0
玉米	6.0~7.5	黄瓜	6.0~8.0	栎树	5.0~6.0
棉花	6.0~8.0	柑橘	5.0~6.0	泡桐	6.0~8.0
马铃薯	4.8~5.4	杏	6.0~8.0	油桐	6.0~8.0
向日葵	6.0~8.0	苹果	6.0~8.0	榆树	6.0~8.0
甘蔗	6.0~7.0	桃、梨	6.0~8.0	弹树	5.0~6.0
花生	5.5~6.5	核桃	6.0~8.0	冷杉	5.0~6.0
烟草	5.0~6.0	茶	5.0~5.5	银杏	6.0~7.0
紫花苜蓿	7.0~8.5	板栗	5.0~6.0	云杉	5.0~6.0

除了农作物类型以外，相同的农作物不同的品种对土壤酸碱性的敏感性也是不一样的。研究结果表明，中性土壤上种植的小麦产量高于酸性土壤上，但是不同的小麦品种对土壤酸碱性的响应是不一样的。有的品种在酸性和碱性土壤上的产量都比较高，有的品种在酸性或者碱性土壤上都比较低，还有一些品种在中性土壤上的产量比较高，但是在酸性土壤上产量下降幅度非常大。所以，我们可以筛选出来一些对酸性不敏感的品种，降低土壤酸化对农作物产量造成的损失。

第二类措施是通过科学施肥提高肥料利用率，来适应或降低土壤酸化的影响。通过合理的用量和施用方法，比如深施覆土提高肥料利用率，减少肥料的投入和损失，进而减少氢离子产生和来源。肥料在施用到土壤中后会发生各种转化，产生很多氢离子，通过合理使用来减少肥料的用量，最终会降低氢离子的产生，也会减轻施肥对土壤酸化的影响。另外，各种肥料有性质差异，有的肥料呈碱性，有的呈酸性，选择适宜的肥料类型，在酸性土壤上使用碱性肥料，在碱性土壤上使用酸性肥料，一方面提高肥料利用率，另一方面可以起到调节土壤酸碱性的作用。

举个例子，土壤酸化以后，可以使用碱性磷肥，或者含有钾离子、钙离子、

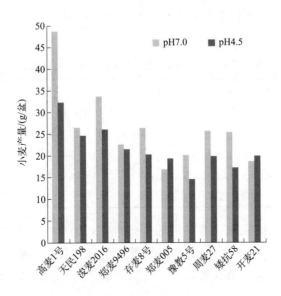

图　不同小麦品种的土壤酸碱性的响应

镁离子这些盐基离子的肥料，通过施用含大量盐基离子的肥料，减少土壤胶体上所吸附的氢离子、铝离子这些致酸离子数量。很多研究结果表明，在不同酸性土壤上施用合适的肥料，可以提高农作物的产量。

　　第三类措施就是改良土壤酸性，例如，通过施用石灰调控土壤的 pH 值，进而改善西红柿的生长和产量。石灰是一种碱性物质，没有通过石灰来调节土壤酸性时，西红柿的生长状况非常差，依次使用少量、中量、高量的石灰，可以逐渐调高土壤 pH 值，而地上部西红柿的生长越来越好，产量也越来越高。

　　那么，在用石灰调控土壤 pH 值的时候，需要多少呢？这个需要量根据很多参数计算，并且受很多因素影响；不同农作物对土壤酸碱性的适应性不一样，这也会影响石灰使用量。此外，施用石灰的种类和方法也会产生影响，最常见的三种石灰是生石灰、熟石灰和石灰粉，它们的性质不一样，在使用时也有所差异。其中，生石灰是氧化钙，中和土壤酸性的能力是最强的，熟石灰和氢氧化钙居中，石灰粉的中和能力最弱。但是从中和速度上来看，熟石灰的速度最快，但最不持久；石灰粉中和速度最慢，但比较持久。另外，石灰施用的细度也会对土壤酸性起调控作用。

　　下表显示了不同酸性和质地土壤下石灰粉用量的参考值。可以看出，相同质地的土壤，随着土壤 pH 增加，调控土壤 pH 所用的石灰量逐渐降低；而相同的 pH 值条件下，不同质地的土壤施用石灰的推荐量也不一样，土壤质地越黏重，所需的石灰数量也越多。

表　调控不同质地和酸性土壤的石灰粉推荐用量　单位：吨/公顷

pH	砂土	砂壤土	壤土和粉壤土	粉黏壤土
4.5	4.5	11.0	17.2	23.0
5.0	3.8	9.0	14.1	20.0
5.5	2.3	5.2	7.5	11.0
6.0	1.0	2.6	3.8	5.5
6.5	0.2	1.1	1.6	2.5

另外，防止土壤酸化还有其他的一些措施，比如从源头上拦截酸性污水，防止排入到农田土壤中，或者通过控制酸沉降的污染源，减少氢离子进入土壤的数量，也可以防止土壤酸化。

四、土壤盐渍化及其防治

（一）土壤盐渍化概念

土壤盐渍化或盐碱化是指易溶性盐在土壤中逐渐累积积聚的现象或趋势。盐碱土中最常见的盐类主要包括钠、钾、钙、镁等的硫酸盐、氯化物、碳酸盐及重碳酸盐类。硫酸盐和氯化物一般为中性盐，碳酸盐、重碳酸盐为碱性盐。土壤出现盐渍化后会形成盐渍土，也称作盐碱土，是各种盐土和碱土以及不同程度的盐化土壤和碱化土壤的统称。

图　自然和农田土壤盐渍化现象（附彩图）

那么盐土和碱土的区别是什么呢？我们先了解一下盐土和盐化土壤。当土壤中可溶性盐的质量分数超过 0.1％或 1‰时，土壤会对地上部生长的植物产生抑制作用，这时的土壤叫作盐化土壤；盐化作用进一步加剧，总盐量超过 1％时，对农作物的危害就更大，只有少数耐盐性非常强的农作物才能够生长，这种土壤称为盐土。因为盐土和盐化土壤主要是受中性钠盐的影响，其 pH 值一般不会高于 9。但当土壤含有过多的碳酸盐和碳酸氢盐时，土壤会呈现出强碱性，pH 值可能大于 9。

可以用碱化度即钠离子饱和度来区分盐土和碱土。前面谈过，土壤胶体上吸附有很多阳离子，我们把土壤胶体上吸附的钠离子占所有阳离子的比例，叫作钠离子的饱和度。当钠离子饱和度超过 5％时，这种土壤叫作碱化土壤，当钠离子含量更多，碱化度超过 15％的时候，就形成了碱土。可以看出，盐土概念侧重中性钠盐的累积，包括氯化钠和硫酸钠。碱土侧重于碱性钠盐形成的土壤，包括碳酸钠和碳酸氢钠。

（二）土壤盐渍化形成

土壤的盐渍化是怎么形成的？举个例子，位于干旱地区的农田，由于气候温度比较高，蒸发量比较大，加上地下水位较浅，地下水就会带着盐分离子，通过土壤孔隙向上运移，在土表累积，这就是土壤盐渍化的过程。

影响土壤盐渍化形成的因素有很多，包括气候、地形、水文地质、母质、生物作用以及人为活动等。以水文地质条件为例，地下水埋深越浅和矿化度（以每升地下水所含可溶性盐分的质量表示）越高，土壤积盐就越强。在干旱荒漠地带，一些深根性盐生或耐盐植物，能够从深层土壤和地下水中吸收大量盐分，并通过茎叶的毛孔分泌到体外，后者死亡后植株吸收的盐分残留在土壤中，从而加速土壤盐渍化。相对来讲，生物作用对土壤盐渍化的影响远不如气候、

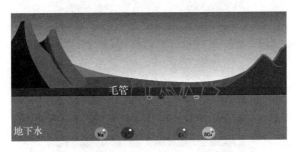

图 土壤盐渍化形成过程（附彩图）

地形、水文地质等因素。

　　人类不合理的生产活动导致的土壤盐渍化的现象叫作土壤的次生盐渍化。在农田作物管理中，盲目引水漫灌，不注意排水措施，在灌溉时使用含有大量盐分的水源，海水倒灌，都可能导致土壤次生盐渍化。一个常见的例子是设施农业土壤。在一些种植经济作物或者是果蔬作物的大棚土壤上，经常会看到发白、发绿、发红，或者交叉现象出现，这与土壤的盐渍化有关系。

　　设施农业中，农户普遍进行大水大肥粗放式管理，要施很多次肥料，每次施用量非常大；而大棚里空气温度和湿度高，土壤蒸发强，在这种密闭条件下就容易形成盐渍土。土壤发白就是因为盐分在土壤的表层累积。盐分在表层累积导致表层土壤的富营养化，在高温和高湿条件下，表层土壤容易着生苔藓类和藻类等生物，发绿是一些苔藓类生物着生，发红主要是紫球藻等的产生。另外，土壤中铁等金属元素也会影响土壤颜色变化，当大棚里湿度比较高时，土壤处于还原的状态，这时铁离子是二价的，颜色为绿色；当大棚里土壤比较干燥时，土壤呈氧化状态，铁变成三价，三价的铁是红色的。因此，土壤氧化还原状态也影响了颜色变化。

图　设施农业土壤盐渍化现象（附彩图）

（三）土壤盐渍化危害

土壤盐渍化有什么危害？土壤盐渍化会直接影响地上部植物的生长，也会通过影响土壤性质间接影响植物生产。土壤含有过多盐分离子，导致地上部植物的生长情况变差，叫作盐害或者盐害胁迫。盐害对植物生长的影响主要有几个方面：一是植物生理干旱；二是离子毒害；三是影响养分吸收，导致养分失调。

生理干旱是因为土壤溶液盐分含量较高，超过一定的限度后，导致植物细胞外的盐分浓度高于植物体细胞内盐分浓度，进而造成植物体内的水分向外流，这种现象叫作生理干旱。也就是土壤本身并不缺水，但是生长的植物却表现出萎蔫、缺水的现象。这种情况类似于腌制咸菜时，大量的盐撒在蔬菜表面导致蔬菜缩水。一方面土壤中盐分被植物吸收导致体内的盐分过多，植物细胞质变黏，影响细胞的扩张。因此，一般盐渍土上生长的植物，植株小、长势弱，叶面积小，叶绿素含量相对浓缩。

第二方面是离子毒害。有一个现象叫作单盐毒害，是指某一种盐分浓度过高要比多种盐分同时存在的危害更大。这种离子毒害的可能作用方式：一是破坏植物细胞的生物膜结构；二是能够对酶的活性产生影响，导致酶的钝化；三是可能产生不同营养元素之间的拮抗作用。生物膜和酶都是植物细胞重要的组成或代谢物质，离子毒害破坏了生物膜结构，或者对酶产生钝化作用，会影响植物生长和代谢。拮抗作用是元素之间的相互排斥作用，指植物对某一种元素吸收过多而影响它对其他元素的吸收。

第三是恶化土壤性质，包括物理、化学和生物学性质，降低土壤养分有效性，抑制根系的生长。盐渍化土壤中盐分含量比较高，尤其是钠离子含量，会导致土地分散，造成土壤结构破坏。钠离子是一种分散剂，在土壤学实验中往土壤溶液里加入六偏磷酸钠试剂，以充分分散土粒，就是利用钠离子的分散作用。土壤结构遭到破坏后，土壤容易板结，造成土壤空隙堵塞，土壤水气协调不平衡。土壤结构破坏也会导致植物根系生长的机械阻力增强，下扎困难，呼吸微弱，代谢受阻，养分吸收能力下降。

（四）土壤盐渍化改良利用

我国盐碱土分布广泛，面积大，类型多，形成条件复杂，是我国重要的低产土壤，盐碱土改良和利用对我国农业生产具有重要意义。可以通过水利工程措施、生物措施、耕作措施、化学措施等进行改良。盐碱土的形成是多种因素综合作用的结果，其改良也必须是多种措施结合、综合治理。

　　第一类方法是科学调控水分管理，其目的是使土壤与地下水的盐分状况下行大于上行，排出大于累积。其中，水利工程措施是改良盐碱土的根本措施，可以通过井灌井排的方式来改良。一些土壤的浅层地下水是咸水，而深层地下水为淡水，此时可以建立基井进行抽水，把抽上来的水进行田间灌溉，通过对上层土壤盐碱的淋洗，实现盐碱地改良。采取滴灌、喷灌等节水灌溉技术，防止大水漫灌，一方面能减少灌溉的渗漏损失、水分蒸发，另一方面能够防止大水漫灌引起的地下水位抬升，预防土壤盐渍化的发生。在一些大棚里面，还可以把原来的沟内灌水改成膜上灌水，也能够有效防止土壤的盐渍化。

　　第二类是调整农业种植结构或者生物措施。植树造林改善农田小气候，减少田面蒸发，树木强大的根系吸收水分，使地下水位降低。因地制宜改旱作水作，改粮食作物为绿肥或牧草，使土壤表面长时间有大量的覆盖物，减少水分蒸发，进而防止盐分向地表的迁移。在较重的盐碱地种植耐盐性较强的田菁、紫穗槐等，在轻度至中度的盐碱地上种植草木樨、紫花苜蓿、苕子、黑麦草等，在轻度的盐碱地上可以种植紫云英等。不同的植物或农作物对土壤盐碱性的耐受性不同，如甜菜、向日葵、蓖麻是耐盐性较强的农作物，而棉花、蚕豆、豌豆、高粱等也具有一定的耐盐性，在盐碱土上可以选择种植这些农作物。

　　第三类措施是通过农业管理措施预防和改良土壤盐渍化。通过合理耕作、平整土地、深耕深翻、地表覆膜、秸秆覆盖、合理施用化肥和有机肥，提高土壤有机质含量，改善土壤团聚体结构，调节土壤通气透水性，加强盐分淋洗，减少地面水分蒸发，抑制盐分在地表累积，可以缓解土壤盐渍化。

　　第四类是化学改良措施。碱土和重碱化土壤，由于交换性钠离子含量高，一般措施很难达到改良目的。通过施用化学改良剂一是改变土壤胶体吸附阳离子的组成，降低钠饱和度；二是通过酸性物质中和碱性。常用的化学改良剂有石膏、磷石膏、硅酸钙、硫黄、硫化铁、绿矾、酸性风化煤等，酸性或生理酸性肥料也适用于中和土壤碱性。

五、土壤连作障碍及其防治

（一）土壤连作障碍概念

　　很多农户在种植时都发现，头茬或第一年农作物的长势和品质都非常好。当连续种植2~3年以后，会发现田间的病虫害不断加重，而且农作物产量和农产品品质也会下降。随着种植年限的增加，农作物产量和农产品品质还会进一步下降。这就是土壤连作障碍。连是指同一块地里连续种植同一种农作物或同一科农作物。障碍是指在正常管理的情况下也会产生生育状况变差、产量降低、品质下降的现象。连作又叫作重茬或连茬，即连年种植同一种农作物或同一种复种方式，容易造成地力削减、杂草滋生、产量降低及品质变劣。

除了产量和品质下降，连作农作物的病虫害也会剧烈增长，早衰非常严重。病虫害增多就会使用药量不断增加，用药量增加造成了投入成本的提高，但即便如此，还会造成品质大幅下降，农产品的市场竞争力差。也有很多农户并没有发现连作障碍，那是因为种植的农作物可能是水稻、小麦、玉米、棉花等这种常见的大田作物，它们都是耐连作的农作物。

水稻的通气组织非常发达，对土壤的通气性要求比较低，水稻与干旱作物轮作也阻止了土壤中还原性有毒物质的积累。棉花的根系非常发达，对养分的吸收也比较均衡，在无病、足肥的情况下可以连作百年以上。水稻、棉花、小麦、玉米等都属于耐连作的农作物，还有一些属于耐短期连作的农作物，包括洋葱、大蒜、甘薯、花生、南瓜等，它们对连作有一些反应，通常可以连作2～3年，才会出现比较严重的土壤连作障碍。

对连作很敏感的代表性农作物有茄科的马铃薯、烟草、番茄，葫芦科的西瓜等，一旦连作，其生长受阻、植株矮小、发育异常，减产十分严重，甚至绝收；豆科中的豌豆、大豆、蚕豆、菜豆，麻类的大麻、黄麻，菊科的向日葵，茄科的辣椒等，则对连作比较敏感。

（二）土壤连作障碍原因

连作障碍的原因比较复杂，是农作物－土壤－微生物系统中诸多因素综合作用的结果。一般可以归纳为四大因素：第一是土壤养分失衡，第二是土壤微生物失衡，第三是土壤理化性状恶化，第四是自毒物质积累。

土壤养分失衡。植物对特定元素有吸收偏好，长期种植某一种植物，连续使用相同的或相似的肥料，会造成土壤中一些养分急剧减少，从而造成土壤中养分的亏缺；植物不喜欢吸收的另外一部分养分则会日益积累。这就造成土壤的养分失衡，农作物就会出现元素的缺素症状及养分过剩的症状。

土壤微生物失衡。土壤中的微生物种群非常庞大，包括细菌、真菌、放线菌、酵母菌、藻类和原生动物。土壤中微生物数量越多、种类越多，生态多样性就相对较好，这是健康土壤的象征。相反土壤中微生物数量越少、种类越少，多样性不丰富，土壤就不那么健康。某一种微生物尤其是有害微生物变成优势种群，对土壤来说是非常不利的。

土壤理化性状劣化。主要是土壤盐分的积累和土壤酸化。随着种植年限的增加，土壤中的可溶性盐不断增加，尤其是大棚内的温度比较高，土壤水分蒸发量比较大，随着深层土壤水分蒸发，下层土壤的盐分随着土壤毛细管上升，最终在土壤表层形成白色的盐分。盐分累积会导致土壤板结，严重抑制根系生长，使植株发育不良。盐浓度上升也会抑制土壤微生物活性。随着种植年限的增加，土壤也会出现酸化现象，严重影响植物根系生长和土壤生态。

自毒物质积累。某些植物可通过地上部淋溶、根系分泌和植株残茬腐解等途径来释放一些物质，对同茬或下茬同种或同科植物生长产生抑制作用，这种现象称为自毒作用，这是植物适应种类竞争的结果。自毒作用包括两大类，一类是直接作用，一类是间接作用。直接作用是上面提到的植物根系分泌物中的酚酸类物质，它属于自毒物质，会抑制下一茬同科同种植物的生长。间接作用是植物的根系分泌物可以被土壤中的病原微生物利用，作为碳源进行繁殖，从而造成土壤病原微生物的快速增长，进而造成土传病害的严重发生。

（三）土壤连作障碍防治

首先是间套作。通过生菜与茄子、黄瓜与大蒜、大蒜与茄子等间套作方式可以提高植物产量，且可以提高土壤微生物量。间套作不仅可以提高光能和土地利用率，同时还增加了土壤微生物的多样性，而且套作植物的根系分泌物会影响后茬农作物。间套作主要是利用了不同农作物间存在着相生相克的化感作用，如洋葱与食用甜菜、马铃薯与菜豆种在一起可以提高产量。但是番茄与黄瓜、番茄与芜菁、葱与菜豆则相克，应分开种植，避免相互抑制。

第二种方法是合理轮作。在轮作的时候可以参照各种农作物的最低轮作年限，合理安排几种其他农作物进行轮作，并尽量考虑农作物不同的科属类型、根系深浅、需肥特点及分泌物质。

第三是科学合理施肥。土壤养分失衡是土壤连作障碍发生的重要原因，解决土壤养分失衡问题可以通过测土配方施肥技术，即根据土壤供肥能力、农作物需肥规律和肥料特性确定矿质营养元素的用量，并坚持化肥配施有机肥，依据土壤测试结果，施用适合当地土壤状况和农作物生长的专用肥产品，可以缓解过量施肥和施肥不合理引起的土壤连作障碍问题。

第四是施用菌肥和腐殖酸产品。连作障碍的其中一个原因是土壤微生物失衡。通过施用生物菌剂和菌肥类产品，可以改善原有土壤微生物群落，促进有益微生物繁殖，促进连作植物的生长发育。根瘤菌剂、固氮菌剂、溶磷菌剂、土壤修复菌剂等都载有一些有益的微生物菌群。腐殖酸具有刺激农作物生长、改良土壤、提供营养等功能，施用腐殖酸可以提高土壤细菌、放线菌等微生物的数量，还可以提高农作物产量与品质，提高经济效益，对防治土壤连作障碍有不错的效果。

第五，合理的深翻整地是解决连作障碍的措施之一。例如，花生也会出现连作障碍，提倡秋季深翻整地，能够沉实土壤，消灭部分越冬病虫害，积蓄冬春雨雪，缓解春旱。开春解冻之后，及时耕涝保墒，避免水分散失，影响播种。秋季来不及深耕的地块，早春提前深耕，可获得较好的效果。

最后是土壤消毒技术。土壤消毒剂种类很多，化学试剂有溴甲烷、威百亩、棉隆、石灰氮等。威百亩的化学成分主要是甲基二硫代氨基甲酸钠，特别适用于大棚草莓、西瓜、甜瓜、甜椒、辣椒、茄子和马铃薯，能有效防止黄瓜的枯萎病，辣椒的疫病、线虫等，并能杀死蝼蛄、蠕虫、蛴螬、蚂蚁、甲虫、白蚁等土壤害虫和杂草。其作用机理是药液与水混合后，能够迅速生成一种对生物具有毒害作用的化学气体——异硫氰酸甲酯，能够杀灭细菌、真菌、地下害虫、杂草和线虫。使用方法简单、低毒安全，但价格相对较高。

棉隆是低毒的土壤消毒剂，在大棚内使用可防治农作物根腐病、白斑病、枯萎病、立枯病、黑腐病、根癌病等土传病害，对寄生线虫、地下害虫、杂草的防治效果非常好。使用方法是土壤深翻后撒在地表，立即用塑料膜铺盖，棉农分解产生的气体比空气轻，所以要确保塑料薄膜没有破损，不能用地膜等太薄的塑料布，且四边用土压实密封好，密封期保证在 12 天以上，结束后揭去塑料薄膜。

石灰氮的主要成分是氰氨化钙，施入土壤中后与水反应生成氰氨，最终生成尿素。在高温和氰氨的毒性共同作用下，对地下的病原菌、害虫、线虫及杂草种子有很好的杀灭效果。可大量应用于设施蔬菜土壤连作障碍的防治，既有蔬菜花期调节，蔬菜亚硝酸盐的抑制，防治蔬菜根结线虫的作用，又可调节土壤环境，改良土壤结构，杀灭有害菌。

土壤强还原处理是指高温条件下向土壤中施加大量有机物料并淹水覆膜，是一种防控土传病害的高效、环保、广谱的方法。可在大棚休闲期，对大棚土壤进行处理，造成土壤强还原和高温的灭生性环境，达到修复土壤、克服连作障碍的目的。作法很多，一般要在上茬农作物拉秧后，整平地面；地面摊放生粪或秸秆；深翻或深旋入土，深翻后再旋平地面；浇足水分至饱和；地面覆白色塑料；维持土壤水分饱和以及膜下地表温度，保持时间半个月以上；揭膜使土壤变干后深翻或深旋后曝气，其后可栽种下茬农作物。

第三节　土壤质量与农产品安全

一、土壤质量内涵

土壤质量作为土壤肥力质量、环境质量和健康质量的综合量度，是土壤维持生产力、环境净化能力以及保障动植物健康能力的集中体现。人类干扰在很大程度上影响了土壤质量在时空尺度上变换的方向和程度，由此产生的土壤侵蚀、酸化、养分耗竭、污染和其他自然资源问题也已影响了人类的发展。

土壤质量主要依据土壤功能进行定义。从农学的概念，土壤质量通常定义为土壤生产力，特别是指土壤维持自然植物生长的能力；从农作物产量的观点来看，土壤质量可以定义为"土壤维持农作物生长而不引起土壤退化或损害环境的能力"；从生态系统角度，美国农业土壤学会定义为"同土壤特定功能相联系的能力，它维持植物和动物生产，保持并提高水和空气质量，维持着人类健康和生境"；1992 年美国的土壤质量会议认为土壤的主要功能包括生产力、环境质量、动物健康。这些定义表明土壤质量包含两个方面的含义：土壤供农作物生长的内在能力，受土壤使用者和管理者影响的土壤动态。

土壤质量是维持地球生物圈最重要的因子之一，可以从生产力、可持续性、环境质量、对人类营养健康的影响等多方面来定义土壤质量。土壤质量是土壤肥力质量、土壤环境质量及土壤健康质量方面的综合量度，即土壤在生态系统的范围内，维持生物的生产能力、保护环境质量及促进动植物健康的能力。土壤肥力质量是土壤提供植物养分和生产生物物质的能力，是保障粮食生产的根本；土壤环境质量是土壤容纳、吸收和降解各种环境污染物的能力；土壤健康质量是土壤影响或促进人类和动植物健康的能力。Parr 等提出了几个土壤质量定义的特定用处，可用于评价管理措施对土壤退化和保持的影响。土壤质量的概念有助于区别技术进步导致生产力的变化和土壤质量的变化导致的生产力的变化。土壤质量的概念也可用于监测与农业管理有关的可持续性和环境质量的变化。

土壤作为重要生命系统功能的能力，在生态系统和土地利用边界内，维持农作物和动物生产力，维持或促进水和大气质量，促进农作物和动物健康。土壤质量和土壤健康紧密联系在一起，土壤健康强调土壤的生产性，土壤健康不仅对农作物生长活动的效率有影响，而且对水质量和大气质量有影响。土壤健康的术语描绘土壤作为一个活的动态系统，它的功能为需要管理和保持多种生物调节。有学者认为土壤健康和土壤质量是同义的，但土壤质量通常与土壤适宜于某一特定功能相联系，而土壤健康在更广的范围内指出土壤作为生命系统具有维持生物生产力、促进环境质量以及维持农作物和动物健康的能力，在这一意义上，土壤健康和可持续同义。

土壤质量的内在成分由气候和生态系统约束内的土壤的物理和化学特性所决定，除此之外，土壤质量包括被管理和土地利用决策影响的成分。生态系统的各个部分是相互作用、相互影响的，所以，应该将土壤健康与生态系统及环境联系起来，与土壤保护及持续农业联系起来。所以，土壤学家、环境科学家更偏向于用土壤质量这一术语来代替土壤健康，以唤起人们像关注水质量和大气质量那样关注土壤质量。有学者认为，土壤质量是陆地生态系统环境质量的指标。土壤质量监测进程进展缓慢，随时间变化的评估需要评价不同管理措施的影响，关键指标和临界值的维持决定了土壤质量的改进和退化，需要考虑土壤质量在区域、国家和全球水平的多种农业生态区的变化。

二、土壤质量指标体系与评价

（一）土壤质量指标体系

土壤质量主要取决于土壤的自然组成部分，也与由人类利用和管理导致的变化有关。作为一个复杂的功能实体，土壤质量不能够直接测定，但可以通过土壤质量指标来推测。土壤质量的好坏取决于土地利用方式、生态系统类型、地理位置、土壤类型以及土壤内部各种特征的相互作用，土壤质量评价应由土壤质量指标来确定。土壤质量指标是表示从土壤生产潜力和环境管理的角度监测和评价土壤健康状况的性状、功能或条件。也有人认为土壤质量指标是指能够反映土壤实现其功能的程度、可测量的土壤或植物属性。对土壤性质变化方向、变化幅度和持续时间的测定可用于监测农业土地管理的指标。近年来，很多土壤质量指标被提出，一些已经被检验和验证。评价土壤退化和生产力的土壤质量指标一般是基于农作物的生产力、土壤的物理化学性质和土壤有机质的丧失。土壤质量指标的确定是一件很复杂的事情，而且在不同的土壤系统之间变化很大。Larson 和 Pierce 提出了最小数据集（Minimum Data Set，MDS）的概念，可用于监测由土壤和农作物管理措施引起的土壤质量的变化。他们将易用标准方法直接测定的物理化学指标结合起来，同时也建议使用土壤转换方程来估计不能实际测得的参数。MDS 中的土壤质量指标包括有机碳、速效养分、pH、电导率、质地、根系深度、容重、水分传导率和有效持水量，并建议将所有的土壤质量指标整合成一个综合的质量指标。Arshad 和 Coen 列出了类似的土壤物理化学属性并建议通过长期的试验来确定管理措施对土壤质量的影响。Doran 和 Parkin 扩展了 MDS，将微生物生物量和可矿化的 N 等生物学指标加了进去。

1. 土壤质量的物理化学指标

土壤有机质是反映土壤质量的最重要的化学参数之一。除了作为营养来源，它可以改善土壤的结构和持水量以及提高生物活性。它被包括在 MDS，并通过土壤转换方程来计算容重、持水量、淋溶势、离子交换量（CEC）和土壤生产力。对土壤 pH、电导率、CEC 和养分含量的评价在评价土壤质量的化学方面是必要的，因为它们提供了一个能够反映土壤提供养分和缓冲化学改良能力的测定指标。pH 可以影响很多土壤生物学性质和化学性质间的关系。离子交换量是评价土壤保持和提供养分能力的重要属性。基础土壤物理质量指标在比较土壤类型间的质量差异时很有用。土壤质地是最基本的土壤物理性质，它可控制水分、养分和气体的交换、保持和吸收。土层厚度是影响单位面积植物可利用资源数量的量化性质。

土壤容重随着土壤质地、结构和有机质含量不同差异很大，但是，对于特定的土壤类型，容重可用于监测土壤的紧实程度。土壤容重的变化除了本身影响水分和氧气的供应外，还可影响许多其它性质和过程。用锥形透度计测定土壤力度可作为一个反映土壤紧实度的指标。水分渗透、保持、可利用性、排水和水气平衡等指标对于全面监测土壤功能很重要。有效持水量和饱和水分传导率最常出现在土壤质量指标的 MDS 中。有效持水量表示土壤供应水分的相对能力。饱和水分传导率是一个反映土壤排水速度的指标，可用于判断土壤的水气平衡。

土壤结构是指被有机质和其它化学沉淀物黏结在一起的团聚体的大小和形状。它几乎可以影响土壤所有的物理、化学和生物性质。团聚体的稳定性可以用来描述当土壤处于不同压力下保持其固相和气液相比例的能力。因为土壤团聚体可以反映土壤生物性质、化学性质和物理性质间的相互关系，所以土壤团聚体是一个很重要的质量指标。有学者指出农作物和土壤管理措施对土壤物理质量的影响可以用土壤团聚体的大小分布和稳定性来描述。

　　2.土壤质量的生物学指标

　　由于有简单可行的测定方法，土壤质量评价初期主要集中在土壤的物理和化学性质。但是，土壤物理和化学性质作为土壤质量指标有时不能评价土壤管理和土地利用的影响。

　　近年来土壤质量评价的生物学指标越来越受到重视，生物学指标包括土壤上生长的植物、土壤动物、土壤微生物等，其中应用最多的是土壤微生物指标。土壤微生物研究分为 3 个层次：种群层次、群落层次、生态系统层次。生态系统层次的研究被认为是最好的快速评价土壤质量变化的可能方法，多数研究认为，土壤微生物（包括微生物生物量、土壤呼吸）是土壤质量变化最敏感的指标。土壤动物是土壤环境质量和健康质量的重要指示特征，特别是无脊椎动物如线虫、蚯蚓等能够敏感地反映土壤中有毒物质含量。以植物作为土壤质量评价指标时，主要是考察植物的生长状况、产量格局、根系结构、植物组织特征、牧草物种的多样性和杂草的优势种，进而评价土壤的肥力质量和环境质量、健康质量。有学者指出土壤生物学性质和生物化学性质可作为反映农业生态系统和土壤生产力变化的指标。土壤微生物性质可以促进很多土壤物理和化学性质的变化过程。微生物也参与分解、养分和能量循环、土壤团聚体的形成和有机质转化的调控等过程。土壤微生物生物量被证明是一个稳定的、可靠的参数以用来做区域尺度量化分析，取样一般在营养生长末期或早春。它可作为潜在的土壤质量指标指示土壤有机质水平、平衡和未来的趋势，也可用于土壤质量的长期监测。前人的研究集中在微观尺度上与土壤养分循环和土壤质量相关的微生物活性方面。但是，对土壤微生物生物量在景观尺度上的空间分布的分析研究很少。对土壤微生物活性控制的有机碳的转化过程和运移的研究有助于评价区域土壤资源的功能。综合的微生物指标已被选作土壤质量潜在指标，并在土壤物理和化学性质的背景下进行分析。

　　尽管土壤微生物生物量仅占有机碳的 1%～3% 和有机氮的 2%～6%，但是它在有机质动态中起着很重要的作用。微生物生物量控制土壤有机质的转化并影响碳的积累，它同时是植物养分的源和库。土壤微生物各种各样的代谢活动能够调控土壤中能量和养分的循环，也在许多有机化合物的全球循环中起着重要作用。由于微生物生物量的重要作用，它常被选为反映土壤质量发展和退化的指标，也被用来评价土壤干扰和管理的影响。活性有机质是土壤微生物最易分解的有机质，它由微生物最易接近的碳和能量来源的那部分化合物组成，这部分有机质控制了土壤的生物过程，决定了向农作物提供养分的能力。因此，活性有机质已经被认为是很重要的土壤质量指标且常常被包括在土壤质量评价中。土壤酶活性起初用来评价土壤肥力，最近已被选作潜在的土壤质量指标。土壤酶的活性在养分循环中起着很重要的作用而且已被用作微生物活性指标。酶活性之所以能成为一个好的土壤质量指标是因为它在分解和矿化过程中起着重要作用而且对土壤管理措施变化反应敏感。

3.土壤质量的物理、化学和生物学指标间的相互关系

土壤微生物生物量、土壤呼吸和土壤理化性质间的相关性在各种尺度上都存在。有关研究集中在土壤肥力或土壤质量指标的空间分析，在景观尺度上研究了土壤质量指标的变异，区域尺度上的研究很少。其它研究集中在微生物活性在景观尺度上的空间分布，如碳矿化和土壤酶活性。目前关于土壤微生物的区域变异研究集中在种群水平上，按气候梯度利用常规统计方法研究微生物多样性的生物地理格局。进一步的工作需要研究土壤性质的空间自相关和协方差的时间稳定性，同时研究地貌特征、土壤理化性质和土壤微生物活性之间的功能相关性。

（二）土壤质量的评价

评价土壤质量及其随时间变化的趋势是农业土地可持续管理中一个很重要的思想和指标。土壤质量的评价是指评价土壤实现其功能的程度。从农作物生产的角度出发，土壤的功能就是提供养分和维持农作物生长。土壤质量的评价不仅仅限于传统的农业作物。Conry 和 Clinch 在爱尔兰中部平原的研究把土壤质量和森林物种联系起来。土壤质量的监测和评价对阐述环境问题也很重要。Cooper 等评价了与美国食品工业相关的环境问题，建议发展将食品加工过程中的废物转化为能量和产品的方法来提高土壤质量和农作物的营养品质。

土壤质量评价与监测是评价土壤退化的重要工作，也是设计和评价土壤持续利用及土壤管理系统的一个基础。目前缺乏统一的评价指标以及将各项土壤性质与土壤管理措施结合起来的评价方法。国际上比较常用的评价方法有以下几种：

1.多变量指标克立格法

这种方法可以将多个土壤质量指标整合成一个综合的土壤质量指数，这一

过程称为多变量指标转换（multiple variable indicator transform，MVIT），是根据特定的标准将测定值转换为土壤质量指数。各个指标的标准代表土壤质量最优的范围或阈值，是在地区基础上建立和评价的。该法优于土壤质量评分法，它可以把管理措施、经济和环境限制因子引入分析过程，其评价范围可以从农场到地区水平。通过单项指标的评价，该法还能确定影响土壤质量的最关键因子。

2. 土壤质量动力学方法

由于土壤系统的动态性，对可持续管理的评价应该采用动态评价方法，利用系统动力学特征测量其可持续性。

3. 土壤质量综合评分法

Doran 和 Parkin 将土壤质量评价细化为食物与纤维的生产量、土壤侵蚀量、地下水质量、地表水质量、大气质量和食物质量等 6 个特定的土壤质量元素的评价。通过建立各个元素的评价标准，利用简单乘法运算计算出土壤质量的大小，每个元素的权重由地理、社会和经济因素所决定。

4. 土壤相对质量评价法

通过引入土壤相对质量指数来评价土壤质量的变化，这种方法首先是假设研究区有一种理想土壤，其各项评价指标均能完全满足植物生长需要，以这种土壤的质量指数为标准，其它土壤的质量指数与之相比，得出土壤的相对质量指数（RSQI），从而定量地表示所评价土壤的质量与理想土壤质量之间的差距，这样，从土壤的 RSQI 值就可以明显而直观地看出这种土壤的质量状况，RSQI 的变化量可以表示土壤质量的升降程度，从而可以定量地评价土壤质量的变化。

上述几种土壤质量评价方法各有优点，可以认为土壤相对质量评价法更为方便、合理，它评价的是土壤的相对质量，而且可以根据不同地区的不同土壤建立理想土壤，选择代表性的土壤质量评价指标做出量化的评价结果。

三、安全农产品与土壤质量

农产品从生产到消费环节，需要经过三大系统，即农业环境系统、农业生产系统和流通消费系统。在农业环境系统中，农产品经过大气、水和土壤等农业生态系统，实现其农作物价值的转变，进而转至农业生产系统，在该系统中，生产者通过土壤管理，对农作物施加化肥农药等生产行为，最终生产出种植产品或畜牧产品，并经过流通、仓储等环节，进入消费领域，成为消费者购买的食品。三大系统之间是依次递进的关系，这就决定了农产品质量安全的监管也应该实现对三大系统的层层监管，即全流程管理，既要强调农产品消费环节的溯源，关注农产品流通、仓储环节的安全，更要关注农产品生产前端的产地环境系统安全，关注农业环境系统中的土壤资源保护。

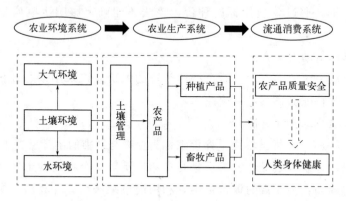

图　农产品从生产到消费的三大系统

　　土壤污染是农产品质量安全的源头因素，明晰土壤污染来源对于保障农产品质量安全具有重要意义。化肥、农药的过量使用和工业生产污水的任意排放导致的重金属污染问题，将直接造成现存的或潜在的土壤质量退化、生态与环境恶化。在农业生产环节，尽管农药化肥的生产行为处于农业生产系统，但是其将长期作用于土壤环境中，必须要追溯至最起始环节的农业环境系统保护。与此同时，当前粗放式的畜禽粪污处理方式也加重了土壤重金属污染，由于对畜禽粪污并未做更加科学的处置，而直接作为有机肥施用，既威胁了农作物安全，又经土壤—水—植物系统最终通过食物链对人体健康造成威胁。在工业生产环节，特别是对资源型为主的城市而言，长时期的重工业发展思路以及生产排放的工业废水和废渣，既造成了资源的浪费，也加重了土壤污染，破坏了土壤的生态平衡。此外，工业生产的固体废物和城镇居民生活垃圾等，也是土壤污染物的来源之一。特别是工业垃圾对生态环境的破坏程度要高于生活垃圾和建筑垃圾，其危害性更强、修复难度更高。因此，保障农产品质量要从土壤污染的源头进行治理。2015年，农业部出台《关于打好农业面源污染防治攻坚战的实施意见》中，提出开展"一控两减三基本"行动，旨在减少农业面源污染，实现农业绿色可持续发展。必须承认的是：我国在化肥农药"双减"行动中已经实现了减量化甚至零增长。然而，这只是流量的减量，不是存量的减少。存量的土壤污染如果没有得到很好处置，将带来潜在危害。由于土壤污染具有长期性和不可逆性，更加凸显了土壤修复的重要性。农田土壤是重金属等污染物的主要受体，承担着50％～90％来自不同污染源的负荷，主要污染来源很多，工业污泥、垃圾农用、污水灌溉、大气中污染物沉降、大量施用含重金属的矿质化肥和农药等均可加速土壤中污染物的积累。首次全国土壤污染状况调查结果显示，全国土壤总的点位超标率为16.1％，其中轻微、轻度、中度和重度污染点位比例分别为11.2％、2.3％、1.5％和1.1％。耕地土壤点位超标率为19.4％，其中轻微、轻度、中度和重度污染点位比例分别为13.7％、2.8％、1.8％和1.1％。土壤污染类型以无机型为主，有机型次之，复合型污染比重较小，无机污染物超标点位数占全部超标点位的82.8％。镉、汞、砷、铜、铅、铬、锌、镍8种无机污染物点位超标率分别为7.0％、1.6％、2.7％、2.1％、1.5％、1.1％、0.9％、4.8％，六六六、滴滴涕、多环芳烃3类有机污染物点位超标率分别为0.5％、1.9％、1.4％。

我国土壤健康与保护面临的严峻问题由于农业规模化和集约化发展，土壤的利用强度在不断增强，再加上农业面源污染的加剧，导致出现了土壤酸化、养分失衡等土壤健康问题，我国土壤资源面临着土壤肥力不断下降、土壤治理和修复难度增加等现实性困境。

（一）土壤质量不容乐观

无论是《全国土壤污染状况调查公报》，还是《全国农业可持续发展规划（2015～2030年）》的数据都表明，我国土壤环境状况总体不容乐观，部分地区土壤污染较重，耕地土壤环境质量堪忧。从空间上来看，南方土壤污染的生态风险高于北方；全国大中城市土壤普遍存在汞、镉、硒、铅、铬、砷等污染，复合污染严重，生态风险加剧。我国农药化肥施用量虽然呈现逐年降低趋势，但是由于化肥农药过量使用累积的土壤污染始终未得到有效治理。我国农业面源污染仍然比较严重，我国土壤污染治理即土壤修复已经刻不容缓。

（二）土壤治理难度加大

土壤污染不同于大气污染和水污染，能够通过直观感受察觉，土壤污染必须通过仪器设备采样检测才可以感知，且潜伏期和持续性较长，很难早期发现并及时修复。我国是世界上农药、化肥施用量最多的国家，单位面积的用量更是高出国际平均水平，由此带来的污染已经成为我国影响最大的一种有机污染。尽管近年来国家反复强调"一控双减三基本"，但土壤污染物难迁移、不容易被稀释，且在土壤中逐年累积，由此给我国农业生产带来了极大的潜在风险。尤其以重金属污染为重，我国目前约有 5000 万亩耕地受到重金属等的中重度污染，重金属除了很大程度上影响土壤营养元素的供应和肥力特征，且难以降解。更重要的是：土壤污染还会通过食物链进入人体，引起神经系统、消化系统的病变。这种对土壤造成的危害是不可完全逆转的。长期而言，将直接威胁我国粮食安全和人民身体健康。

（三）土壤修复技术滞后

我国土壤修复技术开始于 2006 年左右。相比欧美发达地区而言，既起步晚，又较为落后，现有污染修复技术大多数处于实验阶段。在土壤修复技术方面，虽然存在物理、化学和生物三种方法，但物理治理方法花费巨大、化学修复方法容易造成土壤质量下降、生物修复方法耗时较长，均不能很好地处理现有土壤污染问题。在一些关键技术和药剂的使用上，也多依赖于进口，且土壤修复技术比国际水平偏低。在土壤修复人才方面，由于土壤修复技术复杂，技术含量高，亟须专业性强的人才队伍。但是，我国相关研发和技术人才匹配度不高，导致土壤修复技术进度慢且修复效果不佳。在土壤修复产业方面，我国也还未出现领军型企业，土壤修复进程缓慢。

（四）土壤保护意识欠缺

近年来，我国针对土壤保护已经先后出台了多部法律文件，对于加强土壤修复，保持土壤地力发挥了重要作用。在政策制定和出台方面，2018 年《中华人民共和国土壤污染防治法》出台前后，湖北省、湖南省、黑龙江省、广东省、河南省、天津市、山东省、山西省等地相继出台了地方《土壤污染防治条例》。但是，仍有一些省份未对土壤污染防治给予高度关注，也没有引起足够的重视。个别地方政府更多关注经济产值，对于耕地资源的保护意识和耕地可持续发展的认知程度并不高。在农户层面，个别农民对土壤污染缺乏深刻的认知，加之种粮效益低下，又受到经济利益驱动，耕地保护意识薄弱，加剧了耕地质量的下降。同时，部分农户对耕地粗放、掠夺利用，只用不养，导致了土地沙化、水土流失严重。

四、我国农产品产地土壤污染防治技术及标准化流程

农产品产地污染防治工作应按照标准化的流程，主要包括污染诊断方法与技术、污染防治技术筛选、污染源头减量预防技术、轻污染生态修复技术、重

污染治理技术、实施方案编制、组织实施等内容。

（一）产地污染诊断方法与技术

我国农产品产地污染情况极其复杂，污染物成分组成及浓度、污染物在土壤中的迁移转化、生物利用以及土壤类型、性质等环境因素均会对土壤污染的综合效应产生影响。在选择污染防治技术之前，应先进行产地污染源的识别与诊断，确定污染来源，识别污染物，确定优先控制污染物，再根据优先控制污染物分布情况和污染程度，判断污染物迁移的主要途径，确定农产品产地污染防控区。

（二）产地污染防治技术筛选

根据诊断结果，基于土壤污染类型、程度、范围、污染来源及经济性、可行性等因素，因地制宜地选择污染防治技术。

（三）污染源头减量预防技术

土壤污染防治的重点在于源头防范，应推动土壤环境管理从末端治理向源头预防的转变，预防和控制产生新污染。针对面积大、无污染或轻污染的优先保护类农产品产地，应采取污染源头防控技术，加强对农药、化肥、农膜等投入品的科学合理使用，配合节水灌溉技术，确保农产品产地污染程度不上升。

1. 化肥减量化技术

根据不同地区气候特征、种植制度、环境承载力以及环境质量的要求，确定化肥品种、用量及施用方法。分析不同化肥品种的特点、流失途径及其影响因素，通过调节可人为控制的影响因素，从源头、田间管理、末端拦截三个环节控制化肥的流失，降低对环境的污染风险。开发利用有机肥，推广应用根瘤菌、固氮菌、磷细菌、钾细菌、增产菌等微生物肥料。

2. 农药减量化技术

根据"预防为主、综合防治"植保方针，采取农业防治、生物防治、合理用药、保护天敌等综合性的防治措施，来消除病虫的危害。根据土壤类型、农作物生长特性、生态环境、气候特征及病虫草害发生情况，合理选择农药品种，科学控制农药使用量、使用频率、使用周期，减少进入土壤、水体的农药总量，鼓励使用安全、高效、环保的农药。

（四）轻污染生态修复技术

轻污染农产品产地的修复需在不影响农产品产地农作物种植的前提下，既要保证污染防治效果，又要将成本控制在可行范围之内。针对面积中等、污染中等的可安全利用类农产品产地，可采用生物修复技术、原位钝化修复技术等，减少对农产品产地生态系统的扰动。

1. 生物修复技术

生物修复主要包括植物修复、动物修复和微生物修复，主要利用具有污染物降解、阻隔、钝化作用的生物进行土壤污染物的修复。生物修复技术具有原位彻底、绿色无污染、不破坏土壤结构、成本较低等优点，在农产品产地污染防治方面具有广泛的应用潜力，同时有利于周围水质、大气、环境绿化改善，具有良好的社会、生态、综合效益，很容易被公众接受。

2. 原位钝化修复技术

根据土壤理化性质，向污染土壤中添加适量的一种或多种钝化材料，降低重金属的生物有效性，减少农作物吸收。针对镉、铅、锌、铜、铬污染，宜施用石灰类物质、磷酸类物质等无机钝化剂和有机物料、生物炭、腐殖酸等有机钝化剂；针对南方酸性土壤镉、铅、铜、锌污染，宜施用石灰类钝化剂，如石灰、赤泥等碱性钝化剂；针对碱性土壤砷污染，宜选用硫酸铁或硫酸亚铁等酸性钝化剂。

3. 联合修复技术

可采用一种或几种修复技术联合的方式，修复功能生物之间兼容、不排斥，且修复效果优于单一修复效果。针对六六六、滴滴涕和苯并芘污染，宜采用高羊茅-蚯蚓-丛枝菌根真菌联合修复；针对土壤重金属污染，宜采用菌根真菌-修复植物联合修复；在污染物中施入钝化剂的同时种植污染物低积累农作物品种，阻隔重金属进入食物链。

（五）重污染治理技术

针对污染程度严重的农产品产地土壤，采用生物修复技术和钝化修复技术很难达到良好的治理效果，应利用物理（机械）、物理化学原理治理污染土壤，主要包括淋洗、客土覆盖、换土、深耕稀释和联合修复等，工程措施具有彻底性、稳定性的优点，但工程量大、投资高、易破坏土体结构，只适用于小面积严重污染土壤的修复。

1. 淋洗修复技术

将挖掘出的污染土壤用淋洗液淋洗、过筛、悬液分离、浮选和磁选等方法，将土壤分为粗砾、砂砾、砂和黏粒四个部分，其中粗砾和砂砾部分可以回填，富集重金属的黏粒可经絮凝、浓缩和压滤脱水后回填，并将淋洗液处理后达标排放，主要应用于污染严重，且污染面积小的污染治理。

2. 客土覆盖技术

在污染土壤上加入大量干净土壤，覆盖在表层或混匀。适合污染严重，且污染面积小的污染修复。宜采用土壤 pH 值等性质与原污染土壤一致的客土，宜选用比较黏重或有机质含量高的土壤作为客土。

3. 换土修复技术

部分或者全部挖除污染土壤而换上非污染土壤，是治理农田重金属严重污染的有效技术。适合污染严重，且污染面积小的污染修复。宜挖除 20cm 以上污染土壤；可根据土壤重金属污染特性，处理被挖出来的污染土壤，避免二次污染。

4. 深耕稀释技术

翻动土壤上下层，使聚积在表层的污染物分散到更深或与下层未受污染的土壤充分混合。适合污染严重，且污染面积小的污染修复。根据污染土壤的情况，翻耕深度宜达到一定的深度；宜应用于土层深厚的土壤，且要配合施肥。

5. 联合修复技术

可采用一种或几种修复技术，修复技术之间协同增效，提高修复效率。针对土壤重金属污染，可采用换土-淋洗联合修复；针对土壤有机污染，可采用联合修复。

（六）实施方案编制

确定农产品产地污染防治范围、目标、技术等，编制实施方案。实施方案应包含必要性及编制依据，区域概况，土壤污染特征和成因分析，污染防治范围、目标与指标，技术评选，技术方案设计，组织实施与进度安排，经费预算，效益分析，风险分析与应对，二次污染防范和安全防护措施以及相关的附件附图等。实施方案需要经过意见征求、专家论证等过程。

（七）组织实施

严格按照实施方案确定步骤和内容，在目标区域开展农产品产地污染防治工作。对实施的全过程进行详细记录，并对周边环境开展动态监测，分析防治措施对农产品产地及其周边环境的影响，对可能出现的环境问题需有应急预案。

第三章

植物也需要"粮食"

俗话说"庄稼一枝花，全靠肥当家"，农民想让农作物长势好、产量高，必须要施肥，肥料就是农作物的"粮食"。想要掌握科学的施肥方法，首先要了解植物对养分的需求特点及吸收方式，即植物所需"粮食"的种类、来源以及进食方式。

第一节　植物所需"粮食"的种类

一、植物体内的元素组成

如果将植物体内的水分烘干，剩余的干物质大部分为有机物。干物质经灼烧后，有机物质被氧化而分解，以气体的形式逸散，这些气体的主要成分是碳（C）、氢（H）、氧（O）、氮（N）4 种元素，煅烧后不易挥发的残留部分的主要成分包括磷（P）、钾（K）、钙（Ca）、镁（Mg）、硫（S）、铁（Fe）、锰（Mn）、锌（Zn）、铜（Cu）、钼（Mo）、硼（B）、氯（Cl）、硅（Si）、钠（Na）、硒（Se）、铝（Al）等元素。

农作物种类和品种的差别，以及气候条件、土壤环境、栽培技术等的不同，都会影响到农作物体内化学元素的含量。例如：盐土中生长的植物含有较多的钠（Na），海滩上生长的植物常含有较多的碘（I），酸性红壤上的植物含有较多的铝（Al）。

二、植物必需的营养元素

上述存在于植物体内的化学元素，有很多并不是植物生长所必需的，其中有很多元素是被动进入植物体内的，有些甚至还能在植物体内大量积累；反之，有些元素虽然在植物体内的含量极少，却是植物生长不可缺少的营养元素。因而我们不能以在植物体内的有无或含量的多少来判断某些元素是否为植物所必需的。

（一）确定植物必需元素的三个标准

如何判定某个元素是植物必需的营养元素？同时满足以下三条标准的元素才是植物必需的营养元素。

必要性：某种元素对所有植物的生长发育是不可缺少的，缺少这种元素植物就不能正常生长。

专一性：该元素在植物体内的功能不能由其它元素替代，缺少该元素后，植物会表现出特有的症状，并且只有补充该元素后症状才能减轻或消失。

直接性：该元素必须直接参与植物体内的新陈代谢，对植物起直接的营养作用，而不是改善环境的间接作用。

（二）必需营养元素的种类

完全符合以上三条标准的元素才能称为植物必需元素。现已被公认的必需营养元素有碳（C）、氢（H）、氧（O）、氮（N）、磷（P）、钾（K）、钙（Ca）、镁（Mg）、硫（S）、铁（Fe）、锰（Mn）、锌（Zn）、铜（Cu）、钼（Mo）、硼（B）、氯（Cl）共16种。近年来有研究结果表明镍（Ni）、硅（Si）等元素也是植物所必需的。

按照营养元素在植物体内含量的多少将其划分为大量、中量和微量营养元素。大量营养元素含量一般占植物体干物质重量的 0.1% 以上，包括 C、H、O、N、P、K；微量元素含量一般在 0.1% 以下，有的含量甚至少于 0.1mg/kg，包括 Fe、B、Mn、Cu、Zn、Mo、Cl 等；Ca、Mg 和 S 单独划出来作为一类，称为次量元素或中量元素。营养元素在植物体内的含量常受植物种类、年龄以及环境中其它矿质元素含量等因素的影响，特别是环境条件的影响，可使体内某些营养元素的含量相差十倍以上。所以，植物器官中营养元素的含量，并不能准确反映植物对这些养分的实际需要量。

从生理学观点来看，根据植物组织中元素的含量进行分类是不合适的。按照营养元素的生物化学作用和生理功能可把植物必需营养元素分为四组：

第一组包括植物有机体的主要组分 C、H、O、N 和 S，它们是构成有机物质的主要成分，这些元素被同化为有机物的反应是植物新陈代谢的基本过程。

第二组包括 P、B、Si，它们都以无机阴离子或酸分子的形态被植物吸收，形成连接大分子的酯键，储存及转换能量。

第三组包括 K、Na、Ca、Mg、Mn 和 Cl，它们以离子的形态被植物吸收，并以离子的形态存在于细胞的汁液中，或被吸附在非扩散的有机离子上，维护细胞内的有序性，如渗透调节、电性平衡等，活化酶类，稳定细胞壁和生物膜构型等。

第四组包括 Fe、Cu、Zn、Mo、Ni，它们主要以配合态存在于植物体内，除 Mo 以外也常常以配合物的形态被植物吸收，这些元素中的大多数可通过原子价的变化传递电子。

除现已确定为植物所必需的营养元素以外，还有一些元素对植物的生长发育有益，或为某些种类植物所必需。例如，钠（Na）是盐土植物盐生草所必需的，甜菜和芹菜在有钠时生长较好。钴（Co）是豆科植物共生固氮时所必需的。一般植物都不需要硒（Se），而黄芪和黄芪属的其他品种可以在体内积累大量的硒，这类植物称为需硒植物。我们称这些元素为有益元素或准必需元素。

第二节　植物"营养不良"的症状

如何判断植物是否缺乏某种必需营养元素？通常来讲，植物缺素的诊断方法包括：①外部形态诊断，比如观察症状出现的部位，叶片的大小和性状，以及叶片失绿部位等；②根外喷施诊断，通过叶面喷施、叶片浸泡或叶面涂抹的方式向具有缺素症状的植物添加某种营养元素，如果症状消失或减轻，则表明该元素即为缺乏的元素；③化学诊断方法，通过取样测定植物养分含量或土壤有效养分含量，可判断或预测该元素水平是否会引起缺素症状。

氮缺乏时植物的外观表现为：植株矮小，瘦弱；叶片细小直立，叶色转为淡绿色、浅黄色乃至黄色，从下部老叶开始出现症状；有些农作物的叶脉、叶柄呈紫红色；茎细小，分蘖或分枝少，基部呈黄色或红黄色；花稀少，并提前开放；种子、果实少且小，早熟，不充实；根呈白色而细长，量少，后期呈褐色。

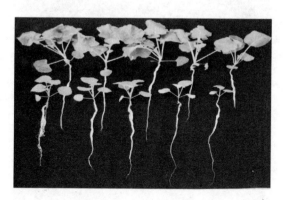

图 正常供氮（上排）与缺氮（下排）培养条件下的油菜幼苗（附彩图）

缺磷时，植株矮小，生长缓慢，分蘖、分枝少。轻度缺磷情况下，叶片暗绿，无光泽，严重缺磷时，叶片出现紫红色斑点或条纹，症状首先从老叶开始，叶片基部、叶柄发紫，根系老化呈锈色，白根少，根和根毛的长度增加，成熟期推迟，产量和品质下降。

图 玉米缺磷的症状（附彩图）

缺钾时植株生长缓慢、矮化；老叶先出现症状，再逐渐向新叶扩展；双子叶植物叶脉间先失绿，沿叶缘开始出现黄化或有褐色的条纹或斑点，并逐渐向叶脉间蔓延，最后发展为坏死组织；单子叶植物叶尖先黄化，随后逐渐坏死；根系生长停滞，活力差，易发生根腐病。

图　油菜缺钾的症状（附彩图）

缺钙首先出现在植物的根尖、顶芽、幼叶和果实等生长旺盛而幼嫩的部位，生长点坏死，植株生长受阻，植株矮小，节间较短，组织柔软；幼叶卷曲畸形，叶缘变黄逐渐坏死。

图　番茄缺钙引起的脐腐病（附彩图）

缺镁首先出现在老叶；植株矮小，生长缓慢；双子叶植物脉间失绿，并逐渐由淡绿色转变为黄色或白色，出现大小不一的褐色或紫红色斑点，严重时整个叶片坏死；禾本科植物叶基部出现暗绿色斑点，其余部分淡黄色。严重缺镁时，叶片褪色有条纹，叶尖出现坏死斑点。

缺硫的外观症状与缺氮很相似，但缺硫症状往往先出现于幼叶；植株生长迟缓，发僵，幼叶失绿黄化；茎细弱，根细长而不分支；开花结实推迟，果实减少。

图 大豆缺镁的症状（附彩图）

图 大豆缺硫的症状（附彩图）

缺硼时植物茎尖生长点生长受抑制，严重时枯萎，甚至死亡；老叶变厚变脆、畸形，枝条节间短，出现木栓化现象；根的生长发育明显受阻，根短粗兼有褐色；生殖器官发育受阻，结实率低，果实小、畸形，导致种子和果实减产。缺硼会造成甜菜"腐心病"、油菜"花而不实"、棉花"蕾而不花"、花椰菜"褐心病"、小麦"穗而不实"、芹菜"茎折病"、苹果"缩果病"等。

缺铁时植物幼叶首先出现缺铁症状，脉间失绿，叶脉深绿，黄绿相间明显；严重缺铁时，叶片出现坏死斑点，并且逐渐枯死，根系明显变化，根生长受阻，产生大量根毛等。

缺锌时植株矮小，节间缩短，生育期延迟；叶小，簇生；叶片的脉间失绿或白化，发展成褐斑，叶缘扭曲发皱；引发水稻"矮缩病"、玉米"白苗病"、苹果"小叶病"、"簇叶病"等。

图　脐橙叶片缺硼的症状（附彩图）

图　桃树叶片缺铁的症状（附彩图）

图　柑橘叶片缺锌的症状（附彩图）

　　缺铜的植物生长瘦弱，新叶失绿发黄，叶尖发白卷曲，叶缘灰黄，叶片出现坏死斑点；禾本科顶端发白枯萎，繁殖器官发育受阻，不结实或只有秕粒。果树"郁汁病"或"枝枯病"等都是由缺铜引起的。

图　柑橘叶片缺铜的症状（附彩图）

　　缺钼时植物叶片畸形、瘦长，螺旋状扭曲，生长不规则；老叶脉间淡绿发黄，有褐色斑点，变厚焦枯，如花椰菜、烟草"鞭尾状叶"，豆科植物"杯状叶"且不结或少结根瘤，柑橘"黄斑叶"。

图　甘蓝缺钼的症状（附彩图）

　　缺锰症状从新叶开始，植物叶脉间失绿，出现褐色或灰色斑点，逐渐连成条状，叶脉保持绿色，严重时叶片失绿坏死或螺旋扭曲破裂折断，引起燕麦"灰斑病"、豆类"褐斑病"、甜菜"黄斑病"。

　　缺氯时植物叶片萎蔫，小叶卷曲，失绿。氯的供应来源广，如大气、雨水、肥料，农作物很难出现缺氯症状。

　　根据植物的外在表现来判断究竟是哪种元素缺乏，可参照如下流程：

图　水稻缺锰的症状（附彩图）

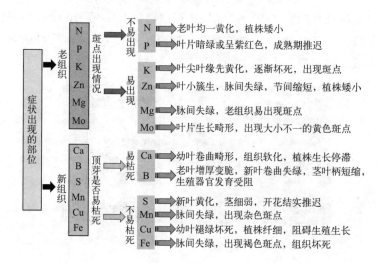

第三节　植物"进食"的方式

一、植物吸收养分的部位

养分吸收是指养分由外界环境进入植物体内的过程。广义的养分吸收就是养分由外部介质进入植物体内的任何部分，而狭义的养分吸收则指养分通过细胞原生质膜进入细胞内的过程，又称养分的跨膜吸收。

植物生长介质中养分以多种形态存在，可分为无机态养分和有机态养分两大类。植物主要吸收无机态养分，也能少量吸收有机态养分（如氨基酸）。通常情况下，植物主要通过根系吸收养分，存在于土壤的矿质养分需要依赖根系吸收进入植物体内。根尖的根毛区是植物吸收养分及水分最活跃的区段，根毛扩大了根系与介质的接触面积，对根系养分吸收能力起着重要的作用。植物体其它营养器官特别是叶片也具有一定的吸收养分能力，称为根外营养。

二、养分离子向根表的迁移

土壤养分需要依赖根系吸收才能进入植物体内，但土壤养分分散在土体中，只有迁移至根系表面才可能被植物吸收。土壤养分离子可通过截获、扩散和质流三种方式到达根表。

截获：由于植物根系的生长而接近土壤养分的过程称为截获。植物根系在土壤中的伸展使植物根系不断与新的土粒密切接触，当土壤颗粒表面所吸附的阳离子与根表面所吸附的 H^+ 两者水膜相互重叠时，就会发生离子交换。实际上接触交换作用非常微弱，因为黏土表面与根表面距离要非常接近才有可能进行，另外，植物根系占土体的比例很小（按体积来算一般不足 5%），所以植物根系通过截获吸收的离子态养分一般很少，只有如钙离子、镁离子等离子通过截获方式被吸收的比例较大。

质流：植物由于蒸腾作用需要从土壤吸收大量的水分，当土壤中的水分流向根表时，溶解在其中的养分也随着水分的流动而迁移至根表。影响养分通过质流向根表迁移数量的主要因素是植物的蒸腾作用和土壤溶液中养分的浓度。当气温较高，植物蒸腾作用强时，水分损失多，使根际周围的溶液不断地流入根表，土壤中的离子态养分也就随着水流到达根表。随土壤溶液中离子态养分含量增加，随着水流到达根表的养分量也随之增加。硝态氮、钙和镁等元素在土壤溶液中含量高，由质流供给农作物的份额较大。

扩散：当根对养分的吸收量大于养分由质流迁移到根表的量时，这时根表养分离子浓度下降，使根表与附近土体间产生养分浓度梯度，养分就会由浓度高的土体向浓度低的根表扩散。养分在土壤中的扩散受到很多因素的影响，如土体中水分含量、养分离子的性质、养分扩散系数、土壤质地及土壤温度等。例如：硝酸根在土壤中扩散系数明显高于钾离子和磷酸根；质地较轻的砂土，养分扩散速率比质地黏重的土壤快；土温较高时扩散也比较快。

不同营养元素在土壤中迁移的主要方式不同，并受土壤溶液中的浓度、植物叶面积系数、温度等因素影响。土壤溶液中浓度大的元素如 Ca、Mg、N 等通常以质流的迁移方式为主，而土壤中浓度低的元素如 P、K 等则以扩散的迁移方式为主。同一种营养元素的不同养分形态在土壤中的迁移途径也存在差异，如 N 素中的硝态氮以质流移动为主，而铵态氮则多依赖扩散移动。此外，养分在叶面积大、温度高时以质流迁移方式为主，而叶面积小、温度低时则以扩散迁移方式为主。

三、植物对离子态养分的吸收

养分离子是带电的，因此，它在跨越细胞膜时的运动趋势既受制于其带电性质（电势），又受浓度（化学势）的影响，两者合称为电化学势。养分离子被植物吸收而进入植物细胞内（跨膜吸收）的方式包括被动吸收和主动吸收两种方式。细胞膜内外存在电化学势梯度，凡是逆电化学势梯度进入根细胞内的养分离子，吸收时需要消耗代谢提供的能量，这种逆电化学势梯度的吸收称主动吸收，如同"人往高处走"。而养分顺着电化学势梯度进入根细胞内，不需消耗额外代谢能的吸收称为被动吸收，正如"水往低处流"。

被动吸收无选择性，因而也称为非代谢性吸收。据分析资料证明，植物体内离子态养分的浓度常比外界土壤溶液浓度高，有时竟高达数十倍甚至数百倍，而仍能逆浓度吸收，且吸收养分还有选择性。这种现象，单从被动吸收就很难解释。所以植物吸收养分还存在一个主动吸收过程。目前主要是从能量的观点和酶的动力学原理来解释植物主动吸收离子态养分的特点与机理，比较著名的学说有"载体学说"和"离子泵学说"。

载体学说：载体理论认为，生物膜具有某种分子，能够与特定离子结合并把离子运输进入膜内，这种分子称为载体，如同"摆渡车"。载体分子上存在某种离子的专性结合位，从而支持了离子吸收的选择性。

离子泵学说：所谓离子泵，就是指质膜上存在的 ATP（三磷酸腺苷）酶，它是膜上的一种嵌入蛋白，其水解 ATP 的部分，在质膜的细胞质一侧。在 ATP 酶作用下，ATP 水解，释放出来的能量把细胞质内的质子（H^+）向膜外泵出，从而膜外的 H^+ 增加，并且这种方向性代谢的结果使质膜产生极化，即膜内呈负电性，而膜外呈正电性。每一分子 ATP 水解，2 个 H^+ 被泵出膜外，建立了跨膜电势梯度，这种电化学势梯度就是质子驱动力。质子驱动力是一种细胞中普遍存在的能量贮存与作用形式。很多农作物如玉米、燕麦等根细胞原生质上有 ATP 酶，有些阳离子如 K^+、Rb^+、Na^+、NH_4^+、Cs^+ 等都能活化 ATP 酶，促进 ATP 的分解，产生质子泵，将 H^+ 泵出膜外，同时阴离子的吸收认为是载体的作用。

四、影响养分吸收的因素

植物对养分的吸收受很多环境及内在因素的影响，其中养分在土壤中的有效性是影响植物吸收养分的重要因素，而土壤养分的有效性，主要受土壤肥力状况及理化性状的影响。

光照：光照直接影响根系对养分的吸收和利用，根系主要靠主动过程吸收养分，需要消耗能量，而能量主要来源于光合作用形成的能量物质（ATP），所以光照和能量来源与养分吸收呈正相关。

温度：在一定范围内，随温度升高农作物根系吸收养分的数量增加。其原因有两方面，一方面，温度升高影响植物对养分吸收的能力，另一方面，温度直接影响土壤中养分的扩散速率及微生物的活动从而提高养分的有效性。但温度过高对根系吸收养分不利，温度过高易导致植物体内的酶活性降低甚至失去活性，影响养分吸收。

土壤通气状况：良好的通气条件对根的生长和养分的吸收都有利，土壤的通气性有利于土壤有机养分矿化为无机养分，从而对根系吸收养分有利。另外，土壤通气好，氧气充足，根系呼吸旺盛，释放的能量多，也能促进根系吸收。土壤通气性还影响根系的活力及土壤养分的形态。

土壤酸碱性（即 pH 值）：土壤 pH 不仅影响土壤中各种营养元素的有效性，也影响植物对不同离子的吸收。一般来说，酸性条件有利于植物对阴离子的吸收，碱性条件有利于植物对阳离子的吸收。另外，不同植物对 pH 的反应也不一样，有的农作物适应 pH 的能力较强，有的则较弱。

土壤水分：水分是养分迁移的介质，土壤中肥料的溶解、有机肥的矿化、养分的迁移及运输等都离不开水分，适宜的土壤水分条件能促进农作物对养分吸收与利用，但水分太多会影响到土壤溶液的养分浓度及土壤的通气状况。

离子间的相互作用：土壤中离子间的作用可以影响植物对不同离子的吸收，其中比较重要的有养分离子间的拮抗作用和协助作用。

除了上述因素外，来自植物本身的因素（包括生长阶段及遗传特性）也能影响植物对养分的吸收。

五、养分离子间的相互作用

植物生长发育过程中，各种养分既有独立作用的一面，也有相互作用的一面。植物吸收养分时，各养分之间存在着相互作用（又称交互作用），这种作用主要表现为拮抗作用和协助作用。

拮抗作用：指某一离子的存在会抑制另一离子的吸收。离子间的拮抗作用主要表现在性质相近的离子之间。拮抗作用通常发生在同电性的离子之间。如阳离子与阳离子之间或阴离子与阴离子之间，按其拮抗的机制不同又可分为竞争性拮抗作用和非竞争性拮抗作用。

竞争性拮抗作用：一种离子通过竞争载体上的结合位点而抑制了另一离子吸收的作用。在这类拮抗中，要求两种离子有相似的性质和水合半径。如 K^+、Rb^+、Cs^+ 之间，Ca^{2+}、Sr^{2+}、Mg^{2+} 之间，Cl^-、Br^-、I^- 之间，SO_4^{2-} 与 SeO_4^- 之间，$H_2PO_4^-$、OH^-、Cl^- 之间均属这一类型。在这一类拮抗中，抑制作用随被抑制离子浓度的提高而减弱。因此，抑制程度取决于两种离子的浓度之比。

非竞争性拮抗作用：拮抗作用的大小取决于载体和拮抗离子浓度以及拮抗离子与载体的亲和力的大小，而与被吸收离子浓度无关。拮抗离子对被吸收离子的抑制不是通过对载体上结合部位的竞争，而是通过改变载体的结构和性质而抑制对离子的吸收，因而两种离子在半径和结构方面不一定相似。

协助作用：指某一离子的存在能促进另一离子的吸收。离子间的协助作用多表现在不同电性的离子之间。如，硝酸根、磷酸根离子等都能促进阳离子的吸收，因为这些离子吸收后，能增强植物的代谢活动，改变电势梯度。

研究报道，溶液中 Ca^{2+}、Mg^{2+}、Al^{3+} 等离子，特别是 Ca^{2+} 的存在能促进 K^+、Rb^+ 以及 Br^- 的吸收，而根内 Ca^{2+} 并无此促进作用。根据这些事实认为 Ca^{2+} 的作用影响质膜的完整性及透性。试验表明，Ca^{2+} 不但能促进 K^+ 的吸收，而且还能减少根中阳离子的外渗，但是保持根质膜的正常透性需要 Ca^{2+} 的浓度很低。低浓度的 Ca^{2+} 虽然能促进 K^+ 的吸收，但在高浓度时，则表现为拮抗作用。

六、根外营养

植物通过根以外的器官（主要是叶面）吸收养分的现象称为植物的根外营养。早期认为，叶部吸收养分是从叶片角质层和气孔进入，最后通过质膜而进入细胞内。现在多认为根外营养的机制可能是通过角质层上的裂缝和从表层细胞延伸到角质层的外质连丝，使喷洒于植物叶部的养分进入叶细胞内，参与代谢过程。叶部吸收养分的机制与根部吸收养分相似。在植物整个营养期间，叶部都有吸收养分的可能，但是吸收的强度则不相同。叶部营养具有如下优点：

在一定条件下叶部营养（根外追肥）是补充营养物质的有效途径，可明显提高农作物产量与品质。在干旱与半干旱地区，由于土壤缺水，不仅土壤养分有效性差，施入土壤的肥料也难以发挥其肥效，叶面喷肥就成为矫正农作物养分缺乏的重要手段。此外，农作物生长后期，由于根系老化，吸收养分能力下降，根外追肥可作为补充养分、防止植物早衰的有效措施。

可防止土壤对肥料养分的固定。土壤对肥料养分（特别是 Zn、Cu、Fe、Mn 等微量元素）的固定作用可导致施入土壤中的肥料难以充分发挥作用，而叶面施肥时养分不与土壤接触，避免了土壤对养分的固定。例如，在石灰性土壤或盐渍土中，铁元素多以不溶性的三价铁形式存在，植物难以吸收而患缺绿症；在红黄壤上栽培果树，也常发生微量元素不足的现象。采用根外追肥可直接供给养分，避免养分被土壤所吸附或转化，提高肥料利用率。

及时满足农作物对养分的需求，见效快。根外追肥时，养分可以快速转移至农作物地上部的代谢中心，及时发挥其营养作用。

当然，植物的根外营养也存在一定的缺陷，比如根外追肥一次补充的养分量有限，效果短暂；肥料溶液不易附着在叶片疏水表面，易流失或被雨水淋洗；有些养分元素（如钙）从叶片的吸收部位向植物其它部位转移相当困难，喷施的效果不一定好。因此，植物的根外营养不能完全代替根部营养，仅是一种辅助的施肥方式，适于解决一些特殊的植物营养问题。

由于各种农作物叶面大小及角质层厚薄不同，因此根外追肥的效果存在差别。一般来说，双子叶植物叶面较大，角质层较薄，溶液易于渗透，采用根外追肥效果较好；单子叶植物叶面较小角，质层也较厚，养分较难进入，因而效果不如双子叶植物。另外，各种肥料的性质和透性也不一样，如尿素易于渗入叶片，效果较好。此外，还可通过调节介质反应来改善叶面对养分的吸收。根据试验结果，介质呈酸性反应时，叶部吸收肥料中的阴离子多，中性至微碱性反应时吸收阳离子较多。故以阴离子为主的肥料可调节到酸性，以阳离子为主的可以调节到中性或微碱性。

第四节　植物所需"粮食"的来源

　　在必需营养元素中，C、H、O来自二氧化碳和水，而其它的必需营养元素几乎全部来自土壤。只有豆科作物有固定空气中氮气（N_2）的能力，植物的叶片也能吸收一部分气态养分，如二氧化硫等。由此可见，土壤不仅是植物生长的介质，而且也是植物所需矿质养分的主要供给者。实践证明，农作物产量水平常常受土壤肥力状况的影响，尤其是土壤中有效态养分的含量对产量的影响更为显著。

　　植物必需的营养元素不论其在植物体内含量高低，它们在植物营养上的地位是同等重要的，任何一种必需元素的特殊功能都不能被其它元素所代替，这就是植物营养元素的同等重要律和不可替代律。然而，必需元素在农业生产上的重要性并不相同。必需元素中除了C、H、O以外，N、P、K三种元素的植物需要量和随收获物移走的数量较多，而它们通过残茬和根的形式归还给土壤的比例又是最小的，一般不到10%。这三种元素在土壤与农作物之间的供求关系不协调，影响农作物产量，经常需要通过施肥补充给土壤，以满足农作物的需求。所以，N、P、K被称为"肥料三要素"，一般的复合肥均含有这三种营养元素。

　　生物固氮是土壤氮素的重要来源之一，即大气中的分子态氮在微生物体内由固氮酶催化还原为氨的过程。与工业合成氨的高压、高温和高耗能过程不同，生物固氮是在常温、常压下进行的，固氮酶作为催化剂，固氮过程不会污染环境。根瘤菌与豆科植物形成的共生固氮是目前已知效率最高的一种固氮方式。

第四章

肥料：植物的粮食

第一节　为什么要施肥？

　　土壤是农业种植中必备的基本要素之一，其能够起到养分转化、生物支撑等方面的作用。人类食物的 95％ 直接或间接由土壤提供，土壤不仅对农作物生长至关重要，还有净化空气、减缓气候变化、维持生态系统平衡的作用。尽管随着农业科技水平的不断提升，出现了无土栽培等种植模式，但是土壤仍然是农作物的主要生长介质。千百年来，农民都在不断探索提升土壤肥力的措施，从而获得更高的农作物产量。随着世界人口的不断扩张，土地资源日益短缺，人们越来越关注如何在尊重自然规律的同时，更合理使用土地，最大限度地减少土地资源的浪费，提高土地的利用率。

　　农作物在生长发育过程中，需要不断从土壤中吸收足够的营养物质，才能构筑自身机体，完成生长、发育、开花、结果等一系列生命活动。在种植农作物的过程中补充所需的各种肥料，不仅可以使土壤保持较为充足的肥力，提升土地利用率，更能在提升农作物产量的同时提高农作物的质量。根据联合国粮农组织分析，近几十年来在提高农作物产量的增产因素中，施肥占 40％～60％；欧洲经验是肥料的增产作用约占 40％～65％；英国农作物单产不断提高，施肥发挥着 50％～60％ 的作用。从中国历年粮食产量与化肥用量的关系来看，不论是粮食总产量还是粮食单产，都与增施肥料有着密切相关。

肥料是农作物的养分来源。没有充足的肥料，农作物产量就难以提高，动物就没有足够的饲料，也就生产不出大量的畜禽产品，人类也就得不到足够的食物。在这种情形下，就会产生营养不良甚至饥饿，从而影响社会的稳定，为解决农作物生长发育与土壤养分供应的矛盾，必须依靠给农作物施肥。所以，肥料的科学施用不仅是一个经济问题，同时也是一个社会问题。

自从地球上有了人类生存后，人们开始了采摘果实和打猎等生产活动。后来有了种植业和养殖业后，便产生了有机肥料，如秸秆、饼肥、人粪尿、厩肥等。在农业生产中，人们逐渐认识到，随着种植年限的增加，土壤肥力会不断下降，因此开始有意识地施用有机肥。有机肥料是我国传统农业的一个重要组成部分。我国对有机肥的利用，几乎早于欧洲 1300 年。施用有机肥料，使营养物质进行可持续的循环利用，自然环境得到有效保护。然而，只施用有机肥料的农作物产量一般较低，因为其肥效缓慢。相对于有机肥料而言，化肥的生产和使用历史要短得多，但发展速度很快。1840 年，国际著名的德国农业化学家李比希提出"植物矿质营养学说"，为化肥的生产和施用奠定了坚定的理论基础。随着化肥工业的技术革新，劳动生产力不断提高，化肥成本降低，更重要的是，化肥作为一种工业产物，突破了农产品还田和农业物质自然循环的范畴。在大多数发展中国家农业现代化的发展过程中，大量使用肥料，尤其是化肥，已成为一种必然。

第二节　肥料的定义及分类

化学肥料简称化肥，指通过化学和（或）物理方法制成的、供农作物生长所需的营养物质。化肥可以提供植物所需的氮、磷、钾等元素，帮助植物生长发育。化肥种类繁多，以含有的营养元素数量来分，化肥可分为单质肥料（如氮肥、磷肥）和复合肥料；以含有的营养元素种类来分，可分为大量元素肥料（如磷肥、钾肥）、中量元素肥料（如钙肥、镁肥）和微量元素肥料（如锌肥）；以施用方式来分，可分为土施肥料和叶面肥料。化肥的作用主要表现为促进农作物生长、提高农作物产量、保证和改善农作物品质、改良土壤结构、提高土壤肥力等方面。

联合国粮农组织（FAO）的研究表明，化肥对粮食增产的贡献率占 40%～

60％。增施化肥对我国粮食增产的贡献率达到 55％以上。1978～2015 年的 38
年间，化肥使果树增产了 6％以上。我国耕地总量占世界的 9％，养活了占世界
将近 20％的人口，可以说化肥起到了极重要的作用，但同时我国化肥的消费总
量也占到了世界总量的 35％。下面根据化肥种类分别阐述。

一、氮肥的种类

氮肥是最早施用的化肥。氮素是组成农作物体内有机化合物（如蛋白质和
核酸）的主要元素之一，在植株体内参与绝大多数生理生化反应过程，对促进
农作物生长和增产效果最为明显。

表　主要农作物的氮肥肥效

农作物类型	每千克氮（N）增产幅度
玉米	12～22
小麦	8～20
水稻	7～15
大豆	5～8

注：数据来自公开资料整理。

合理施用氮肥一直是我国土壤和植物营养学界研究的主要课题之一。早在
1935～1940 年，就由中央农业实验所在 14 个省（区、市）进行过较系统的地
力测定和氮磷钾化肥效应试验，证明全国地力以氮素最感缺乏，肥效最高。这
为我国的肥料结构以氮肥为主奠定了基础。20 世纪 80 年代施氮量普遍较低，
如粮食作物只有 4.5～8.4kg/亩，施用氮肥的效果也较高。氮肥在中国粮食增
产中发挥了极其重要的作用。但近年来，农业对农作物高产越来越高的追求，
导致氮肥施用量急剧增加，当前我国氮肥施用量明显超过了农作物需求。中国
每公顷化肥施用量在过去几十年一直处于较高水平。根据中国的农业面积和化
肥施用量计算，2019 年中国每公顷化肥施用量约为 476kg，远高于欧美等发达
地区。化肥中的氮、磷等元素，容易渗入土壤和水体，造成土壤污染和水体富
营养化等环境问题。同时，过量的化肥使用也会导致农产品中残留化学物质的
增多，对人体健康产生潜在威胁。2015 年开始，农业部发布《到 2020 年化肥
使用量零增长行动方案》等政策开始控制化肥用量。2019～2020 年，我国政府
进一步调整我国化肥行业主要产品的进口税率，管控化肥进口情况。由此可见，
过量施肥带来的消极作用越来越受到国家和社会的重视。了解氮肥的分类和作

用，对合理施用氮肥具有积极意义。常见氮肥品种的性质如下表。

表　常见氮肥品种的性质

氮肥类型	外观	成分	酸碱性	施肥方式	适用土壤类型	存储方式
尿素	白色小圆珠	化学合成的酰胺态氮肥，含氮量约46%。含水量比较低，一般小于1%。含少量缩二脲	中性肥料	基肥、追肥、叶面肥、种肥	各种土壤	干燥、通风良好、20℃左右
碳酸氢铵	白色或灰白色细小结晶	含氮约17%	碱性肥料	基肥、追肥	各种土壤	不宜和酸性或碱性物质（或肥料）存放在一起，以防造成氮素损失。密封、干燥、阴凉、常温储存
硫酸铵	无色结晶或白色颗粒	含氮20%～21%，含硫25.6%	酸性肥料	基肥、种肥、追肥	碱性土壤	不宜与碱性物质（如石灰）或碱性肥料（如钙镁肥料）接触混存，以免引起分解导致氨的挥发
氯化铵	白色或微黄色的结晶	含氮23%～25%	酸性肥料	基肥、追肥	水田最佳	不宜和酸性或碱性物质（或肥料）存放在一起，干燥、阴凉、常温存储

目前我国使用的氮肥品种主要有：

1. 尿素

尿素是目前国内外施用最多的化学氮肥。尿素是一种中性肥料，长期施用不会破坏土壤。尿素在气温较低（10～20℃）时吸湿性弱，但当气温超过20℃、相对湿度大于80%时，吸湿性随之增大。因此在夏天尿素要避免在潮湿气候下敞开存放。

尿素是有机态氮肥，施入土壤后在脲酶的作用下，水解成碳酸铵或碳酸氢铵，铵态氮（NH_4^+）在硝化细菌作用下转化为硝态氮（NO_3^-），才能被农作物吸收利用。当土温10℃时，尿素完全水解转化的过程需要7～12天；土温20℃时需要4～5天；土温30℃时则只需2～3天。因此，尿素要在农作物的需肥期之前5～7天施用。

尿素适于做基肥、追肥和叶面肥，有时也用作种肥。尿素中常含有缩二脲，会抑制农作物生长，其含量超过1%时不能做种肥、苗肥或叶面肥。如果土壤墒情不好、含水量较低时，尿素也不宜作种肥。尿素在土壤中移动性较大，很容易随水流失。作基肥时，尿素可以在耕翻前撒施，也可以和有机肥掺混均匀后进行条施或沟施。粮食作物一般每亩施用尿素 15～20kg 作基肥，旱作农田可先撒施再耕耙；水田可把水排干后撒施，然后翻犁，5～7 天后待尿素转变为碳酸铵，再进行灌水耙田。也可以在耕后耙前维持浅水施入，再用拖拉机旋耕，使尿素与泥浆均匀混合。尿素用于叶面肥时，浓度不宜过高，控制在 1％～2％为佳。尿素用作追肥时每亩用量 10～15kg。旱地作物可采用沟施或穴施，深度 7～10cm，施肥后覆土以防止尿素水解后氨的挥发损失。在麦田可先撒施，随即浇水，第一周内肥料向下层移动，以后因水分的蒸发作用，肥料将随水分向上层移动，大部分集中在 10～15cm 土层内，不会造成过多的氮素挥发损失。

2. 碳酸氨铵

碳酸氢铵简称碳铵。碳铵施入土壤后很容易被农作物吸收利用，属于速效氮肥。碳铵有强烈的刺激性气味，在水中呈碱性反应。碳铵属于中性偏碱的肥料，不宜与普通过磷酸钙混用，否则会引起碳铵中的氨损失，降低碳铵的肥效。碳铵也不能与草木灰、人粪尿、钙镁磷肥等碱性肥料混用。在常温下碳铵比较稳定，但当温度升高时会分解成氨、二氧化碳和水，导致氮素挥发损失。

碳铵可以做基肥也可以做追肥深施，但不能作为种肥或叶面肥施用。因为碳铵容易分解释放氨气，会使幼根失水死亡，因此不能用作种肥；氨气与叶面水分结合，对叶片有较强的腐蚀性，造成叶片烧伤，影响光合作用，因此不能用作叶面肥。碳铵表施很容易造成氨的挥发损失，而深施可以使农作物增产。在玉米追肥时应穴施碳铵，追肥后覆土，伴随灌溉。碳铵的利用率很低，一般只有 20％～25％。

碳铵深施的方法主要有：①玉米的沟间深施法，即在玉米的垄沟内深施。②玉米、棉花的双层碳铵施肥法，即在施基肥时将碳铵分成两部分，一部分深施，施肥深度在 30～40 厘米；一部分浅施，施肥深度 5～10 厘米。这样，浅施碳铵满足玉米、棉花前期生长的需要，深施满足后期生长的需要。③水稻的深施方法比较多，主要有基肥深施，即在整地时先施肥后耕地，耕地后灌水，随后播种或插秧；全层深施，即耕地时采用旋耕的方法将碳铵耕翻在 30～50 厘米深的土壤中，使得碳铵分布在土壤的各个层次，在碳铵分解过程中释放出的铵离子可很快被土壤吸附或被农作物吸收。④碳铵的重新造粒。碳铵一般为粉状，施到土壤中很容易扩散，分解速率比较快，除了容易挥发外，还会造成氮素在前期供应过量、后期供应不足。为了使碳铵发挥更好的作用，可将碳铵挤压成球状。球状碳铵施入土壤后，由于与土壤的接触面积缩小，碳铵的分解过程变为层状脱落，延长了碳铵分解的时间，提高碳铵的利用率。研究发现，球状碳铵比粉状碳铵，氮的利用率可以提高5％。

沸石是一种含有晶格的硅铝酸盐矿物，由于它的晶格结构可以吸附固定铵离子，并在一定条件下可以将吸附固定的铵离子释放出来，一些碳铵生产厂家将沸石粉与碳铵混合后放置一段时间，制成沸石长效碳铵，具有更好的肥效。沸石长效碳铵的氮素利用率可以提高2％～3％。

3. 硫酸铵

硫酸铵简称硫铵，是我国施用和生产最早的一个氮肥品种。我国长期将硫铵作为标准氮肥品种对待，商业上所谓的"标氮"即以硫铵的含氮20％作为统计氮肥商品量的单位。目前，我国硫铵在氮肥中的比例已降至10％以下。硫铵除含氮外还含有25.6％的硫，因此也是一种重要的硫肥。用硫铵作为原料生产复混肥料，具有造粒容易、硬度大、不易吸潮、烘干效果好等特点。

硫铵肥效迅速而稳定，是一种典型的生理酸性氮肥，在南方的酸性土壤上最好不施用硫铵，在施用时也应提倡深施。硫铵可以做基肥、种肥和追肥，做追肥时应该施后覆土，尤其是在石灰反应强的旱地。

4. 氯化铵

氯化铵简称氯铵，大多是联碱法生产纯碱时的副产品，大致每生产1t纯碱，可联产1t氯铵。氯铵在空气中容易吸湿，其吸湿性比硝铵小而比硫铵大。氯铵是生理酸性肥料，在南方酸性土壤上不宜长期施用氯铵，在北方的盐碱土上也不宜长期施用氯铵作氮肥。

氯铵可以做追肥和基肥但不宜做种肥，做基肥要适当早施。应该在耕翻后及时灌溉，淋洗掉过多的氯离子。由于氯铵的价格比较便宜，在生产复混肥过程中容易造粒，氮含量比硫铵高，有时被用作生产复混肥的原料。因为在南方土壤上施用氯铵容易增加土壤酸性，应该少施用，如果施用则应配合施用石灰（但不能同时施，以免引起氨的挥发损失）。在水稻上施用较好，在北方旱地施用氯铵后应结合灌溉和覆土。在低洼地及干旱缺雨的地区不宜施用氯铵。因为氯铵含有氯离子，一些对氯敏感的农作物不宜施用氯铵，包括烟草、马铃薯、甘薯、葡萄、甘蔗、柑橘、茶树、梨树、桑树等。

二、磷肥的种类

磷肥是仅次于氮肥的主要化肥产品。磷对农作物的生长、产量和品质均有显著的影响。磷的含量在农作物种子中仅次于氮，但不同作物差异很大。磷素充足促进农作物体内的物质合成和代谢，农作物的产量和品质也得到相应的提高和改善。增施磷肥可防止植株因磷素不足而造成碳水化合物转移受阻、糖类在叶片中积累增加、形成较多的花青素，影响产品的外观。缺乏磷素，玉米、西红柿和油菜等茎叶上，可明显地出现紫红色的条纹或斑点。磷素充足，种子中的植素含量高、质量好，出芽生根速度就快。磷素不足，产品的耐贮性差，薯类作物的薯块也变小。

我国土壤中磷的含量很低，土壤全磷（P_2O_5）的含量在 0.03%～0.35%。其中绝大部分为缓效磷，农作物当季能够利用的磷不到 1%。在施用农家肥或氮钾肥的前提下，各种农作物施用磷肥均有明显的增产效果。磷肥对玉米的生长和产量有重要作用，尤其是在播种期和早期生长阶段，适当增加磷的供应可以提高玉米产量和品质。水稻生长期间对磷的需求较大，尤其是在播种后 30～60 天之内，适量施用磷肥可以提高水稻的产量和品质。小麦对磷的需求相对较低，但仍需要适量的磷素养分来保证正常生长和发育，同时也可以提高小麦的产量和品质。豆类作物对磷的需求较大，适量施用磷肥可以提高豆类作物的产量和品质。

表 常见农作物的产量对磷的响应

农作物类型	每千克磷（P_2O_5）增产幅度/(kg/亩)	平均值/(kg/亩)
玉米	2～10	5
小麦	2～8	4
水稻	3～12	6
豆类作物	2～10	4

农用磷肥分为无机磷肥和有机磷肥，有机磷肥主要是鸟粪、骨粉等，无机磷肥由磷矿石加工而来，品种繁多。我国的磷矿资源比较丰富，以湖南、湖北、云南、贵州、四川等省储量最多。根据溶解情况，磷肥可分为水溶性磷肥、柠檬酸溶性磷肥、难溶性磷肥和部分水溶部分柠檬酸溶的磷肥。水溶性磷肥包括普通过磷酸钙（普钙）、重过磷酸钙（重钙）、磷酸一铵、磷酸二铵、磷硝铵、磷硫铵等。柠檬酸溶性磷肥包括钙镁磷肥、磷酸二钙、钢渣磷肥。难溶性磷肥为磷矿粉。部分水溶部分柠檬酸溶的磷肥包括硝酸磷肥、氨化普钙等。常见磷肥品种的性质见下表。

表 几种常见磷肥品种的性质

磷肥类型	外观	成分	酸碱性	施肥方式	适用土壤类型	存储方式
磷矿粉	灰色或褐色	主要成分为氟磷灰石，含全磷（P_2O_5）10%～35%，其中3%～5%属于弱酸溶性，绝大部分为难溶性磷	碱性肥料	基肥	一般在南方酸性土壤上	阴凉干燥
过磷酸钙	浅灰色或深灰色的粉末	主要成分为一水磷酸二氢钙（12%～20%）、硫酸钙、游离酸（5%）、水分（15%～20%）、磷酸、氟硅酸、氟硅酸盐等	以水溶性磷为主的酸性肥料	基肥、追肥、种肥、叶面肥	在北方石灰性土壤施用效果好于酸性土壤	阴凉干燥，避免日晒雨淋，以防止过磷酸钙的退化和水溶性磷的流失
重过磷酸钙	深灰色、灰白色颗粒或粉状	主要成分为水溶性磷酸一钙，有效磷含量45%～52%，含有4%～8%的游离酸，不含或极少含硫酸钙，不含铁、铝等杂质	酸性肥料	基肥、追肥	适合各种土壤类型	不宜与碱性物质或含钙高的物质混合，以免降低磷的有效性
钙镁磷肥	灰白色、黑色或灰绿色的细粒或粉末	主要成分为弱酸溶性的磷酸钙，另外还有硅酸钙和硅酸镁。一般含有效磷（P_2O_5）14%～20%，氧化镁10%～15%，氧化钙25%～30%，二氧化硅40%	碱性肥料	基肥	酸性土壤、中性土壤及缺镁的矿质土	不宜与铵态氮肥混存混放以免造成氮素的挥发损失
钢渣磷肥	深褐色粉末	主要有效成分是磷酸四钙和硅酸钙的固溶体，并含有镁、铁、锰等元素，枸溶性，有效磷含量12%～18%	碱性肥料	基肥	酸性土壤、中性土壤	不宜与腐熟有机肥料混放混施，以免造成氮素的挥发损失
脱氟磷肥	褐色或浅灰色粉末	含磷化合物以磷酸三钙为主，枸溶性，有效磷含量20%～30%	碱性肥料	基肥、追肥	适合各种土壤类型，在酸性土壤施用效果好于石灰性土壤	阴凉干燥

1. 磷矿粉

磷矿粉是加工最简单的磷肥，可直接施入土壤中作为磷肥，但其含有的磷绝大部分是难溶性磷，少量为弱酸溶性磷，而水溶性磷含量很低。一般适用于南方酸性土壤，主要在稻田中施用，和有机肥混施效果更好。磷矿粉的农作物当季利用率很低，因此需要适当增加施用量。不同农作物对磷矿粉中养分的吸收能力不同，因此不同农作物的增产效果也不同。

2. 过磷酸钙

过磷酸钙中含有钙、镁、硫、硅等元素，这些元素对蔬菜特别有益，特别是番茄等需要中量元素较多的农作物。在施用时特别是做种肥时，一定要注意普钙中游离酸的含量。如果游离酸过高，可先用少量的碳酸氢铵中和后再使用。做基肥时一般每公顷施用普钙（即过磷酸钙，含磷 $12\%\sim14\%$）$525\sim750kg$，在蔬菜田施用应和有机肥料混合施用，在粮食作物上应和氮肥配合施用。过磷酸钙做种肥是最经济的施用方法，将普钙制成颗粒状，采用机械播种，将磷肥与种子同时分别播在田间，这样既满足农作物生长对磷肥的需要又可节省肥料。穴施时视苗情和普钙中游离酸的含量而决定离苗的距离，避免直接与根接触。普钙可以加水浸泡，浸泡过程中水溶性磷、水溶性酸可以游离到水中，取其上清液用于浸种、拌种和叶面追肥。粮食作物和果树可采用 $1\%\sim2\%$ 的浓度，蔬菜采用 $0.5\%\sim1\%$ 的浓度，浸种要 $4\sim8h$。叶面喷施时间应在傍晚，一般喷施 $2\sim3$ 次，每次间隔 $5\sim7$ 天。过磷酸钙是生产中、低浓度复混肥最好的磷源，一方面是因为成本较低，另一方面是其具有一定的黏性，造粒比较好，但缺点是在粉碎时容易粘壁。

3. 重过磷酸钙

重过磷酸钙又称为三料过磷酸钙，是一种高浓度的水溶性磷肥，简称重钙。重钙的生产是用磷酸分解磷矿粉使难溶性磷转化为水溶性磷。重钙易溶于水，吸湿性和腐蚀性比普通过磷酸钙强。重钙适合各种土壤和各种农作物使用，由于浓度高，在采用机械施肥的地方施用重钙效果更好，施用方法与普钙基本相同，可做基肥、追肥。由于重钙含磷浓度高，不宜做种肥。在做基肥、追肥时施用量应相当于普钙的 $35\%\sim50\%$。

4. 钙镁磷肥

钙镁磷肥不溶于水，能溶于弱酸，是一种碱性肥料。它的物理性状良好，无腐蚀性，不结块，不吸潮，有效磷不会被淋失，不含游离酸。钙镁磷肥含枸溶性磷（P_2O_5）在 20% 以上为特级品，$18\%\sim20\%$ 为一级品，$16\%\sim18\%$ 为二级品，低于 12% 则不合格。钙镁磷肥除含磷外还含有钙、镁、硅等元素，所以最适于酸性土壤、中性土壤及缺镁的矿质土和需硅较多的水稻、小麦以及对磷吸收能力强的油菜、萝卜、豆类、瓜类等农作物。钙镁磷肥肥效较慢，因此适宜用作基肥，不宜做追肥，如果做追肥应在苗期早施。钙镁磷肥含磷较低，施肥时应适当增加用量，在旱田做基肥每公顷用量 300～375 千克。钙镁磷肥后效长，前茬农作物用量多时，后茬可不施或少施。南方水田施用钙镁磷肥可做育秧肥，插秧前做面肥，插秧时蘸秧根，插秧后 3～5 天塞秧肥。

5. 钢渣磷肥

钢渣磷肥是炼钢工业的副产品，适用于酸性土壤，肥效与普钙相当或略高于普钙，但石灰性土壤上施用肥效比普钙差。在贫瘠的沙土上施用，还能增加钙、镁、硫等中量元素和锌、锰、铁等微量元素的含量。在豆科作物和水稻田中施用还能起到增加钙和硅的作用。一般适宜做基肥，每公顷施用量 450～600千克。由于钢渣磷肥有腐蚀性，不宜拌种或做种肥，也不宜做追肥施用。钢渣磷肥施入土壤后主要靠土壤中的游离酸和根系分泌的生物酸溶解：先转化为磷酸二钙，再转化为磷酸一钙后被农作物吸收。因为需要一个转化过程才能被农作物吸收，所以其当季利用率比较低。钢渣磷肥和有机肥堆沤后施用，肥效会更高。

6. 脱氟磷肥

呈微碱性，不含游离酸，不吸湿，不结块，贮藏、运输、施用都很方便。除了含磷外，脱氟磷肥还含有镁、钙、硅、铁、铝等元素。施用量一般为每公顷 450～600kg。

磷肥的利用率在所有化肥中最低，农作物当季利用率仅为 10%～25%。磷在土壤中移动性较差，它只能从施肥点向外移动 1～3cm，有时很难被农作物根系所吸收。不同农作物对难溶性磷的吸收利用差异很大，油菜、荞麦、萝卜、番茄、豆科作物对难溶性磷的吸收能力较强，马铃薯、甘薯等对难溶性磷的吸收能力较弱，因此应多施用水溶性磷肥。

农作物需磷的临界期都在生长早期，因此磷肥都要早施，一般全部磷肥作为基肥施入土壤。土壤供磷水平、土壤中氮磷比、土壤有机质含量、土壤熟化程度、土壤酸碱度等因素都是影响磷肥肥效的重要因素。在供磷水平低、氮磷比大的土壤上施用磷肥，增产效果明显。在有机质含量高（2.5% 以上）的土壤上施用磷肥增产效果不明显。土壤 pH 在 6.0～7.5 范围内有效磷含量较高，在pH 小于 5.5 及大于 7.5 时有效磷含量较低。可在酸性土壤上施用磷矿粉、钙镁磷肥、钢渣磷肥、偏磷酸钙等，在石灰性土壤上施用普钙和重钙等酸性磷肥。

磷肥品种很多，它们的酸碱性不同，水溶程度也不同，不同种类的磷肥适用于不同的土壤、农作物和气候条件。普钙、重钙为水溶性、酸性速效磷肥，适用于大多数农作物和土壤，但在石灰性土壤上更适宜，可做基肥、种肥和追肥集中施用。钙镁磷肥、脱氟磷肥、钢渣磷肥呈碱性，宜做基肥施用，最好施在酸性土壤上。磷矿粉属难溶性磷肥，最好做基肥施在酸性土壤上。磷肥与有机肥混合施用效果最好，有机肥在腐熟过程中可以产生大量的二氧化碳和有机酸，这些物质能使弱酸溶性磷肥溶解，并降低土壤中铁、铝等金属的活性，减少磷肥被土壤的固定。普钙和其他酸性磷肥和有机肥一起堆沤，酸性磷肥能中和有机肥分解产生的氨生成磷酸铵和硫酸铵，从而减少氨的挥发，具有保氮的作用。氮、磷、钾配合施用可以产生正交互作用，提高农作物对土壤和肥料中氮磷养分的吸收。在施足氮肥的前提下施用磷肥才能起到增产的效果，如果仅施用磷肥，氮肥、钾肥严重不足或其中一种元素不足也会抑制农作物生长。

三、钾肥的种类

我国具有悠久的施用有机肥的历史，有机肥中含有较丰富的钾。但随着氮磷用量的增加和农作物产量的提高等因素，仅靠施用有机肥已不能满足农作物的需求。增施钾肥，在许多地区已成为保持农作物高产和改善农产品品质的一项重要措施。一般农作物吸收的钾量和吸收的氮量相近，有些农作物甚至超过吸氮量。钾在农作物体内以离子形式存在，钾的最重要功能是以 60 多种酶的活化剂形式广泛影响农作物生长、代谢和产品的品质。主要有以下三个方面的作用：①促进淀粉和糖分的合成；②增加油脂和蛋白质的含量；③增加农作物抗逆性。

土壤中的自由钾离子是水溶性钾，水溶性钾可以被农作物吸收利用，但一般施用钾肥后，农作物对钾肥的当季利用率只有 30％～50％。未被农作物吸收的钾素一部分被土壤固定，一部分被淋溶随水流失，特别是在南方的一些酸性土壤上。影响钾肥肥效的因素很多，除了农作物种类和品种外，最主要的因素是土壤。其中土壤质地与土壤含钾量密切相关，一般来说质地越细含钾量越高。

由于钾在农作物体内独特的生理作用以及土壤钾素的不足，钾肥在我国土壤上施用较为普遍。总体来看，钾肥的施用量南方往往高于北方，经济作物高于粮食作物。经济作物施用钾肥，有时产量提高不多，但对产品的品质影响较大。近年来，中国钾肥的施用量呈逐年递增的趋势，根据农业农村部的统计数据，1994 年我国钾肥（K_2O）的施用量为 288 万吨（包括复合肥中所含的钾），占化肥总施用量的 8.7％，2019 年达到 1998.1 万吨。在施用农家肥或氮肥或氮磷肥的情况下，各种农作物施用钾肥均有不同程度的增产效果。

表 缺钾土壤上农作物产量对施用钾肥的响应

农作物类型	每千克钾肥（K_2O）增产幅度/（千克/亩）	平均值/（千克/亩）
玉米	4～18	9
小麦	3～15	7
水稻	5～20	10
豆类作物	4～16	8

注：数据来自公开资料整理。

国外钾肥工业化生产开始于 19 世纪末，至今已有 100 多年的历史。我国的钾盐、钾矿的贮存量很少，因而大部分钾肥依赖于进口。目前常用的钾肥品种有硫酸钾、氯化钾、硝酸钾等。硫酸钾含 K_2O 50％，纯品硫酸钾外观白色，结晶状或粉状。肥料级硫酸钾常呈黄色，物理性状好，吸湿性小，是生理酸性速溶肥料，可长期贮存不易结块，适合于多种土壤和农作物，可做基肥、种肥、追肥和根外追肥。由于硫酸钾价格比较高，特别适用于烟草、甘蔗、甜菜、葡萄、马铃薯、甘薯、茶树、西瓜等忌氯喜硫的农作物，但水稻田不宜施用硫酸钾。在酸性土壤上施用硫酸钾应按 1∶1 比例配施石灰或施用钙镁磷肥，控制土壤的酸性。

四、中量元素肥料的种类

一般植物体内含量为 0.1％～5％ 的元素称为中量元素。符合这一条件的元素有钙、镁和硫。

1. 钙肥

农业上常用的钙肥主要有石灰和石膏等。酸性土壤施用石灰，不仅能改良土壤酸性，还可以补充钙元素。

2. 镁肥

镁肥含镁硫酸盐、氯化物和碳酸盐。含镁化肥有钙镁磷肥、脱氟磷肥；一些工矿业副产品或下脚料中也含有丰富的镁，如炉渣、粉煤灰、水泥窑灰。植物含镁量依植物种类不同而差异较大，一般农作物含镁量为 0.1％～0.6％。镁能促进农作物体内维生素 A 和维生素 C 的形成，从而提高果树、蔬菜的品质。

五、微量元素肥料的种类

农作物所需的微量元素主要来自土壤。土壤中微量元素供给不足时，许多农作物的生长发育受到影响，产量和品质均会下降。到目前为止，被证实是农作物所必需的微量元素有锌、硼、锰、钼、铜、铁、氯等7种。

1. 锌肥

小麦、水稻、玉米等农作物喷施锌肥后能提高光合作用强度，从而提高产量。农作物缺锌时生长素含量下降，生长发育变慢，叶片变小，节间缩短，形成小叶簇生等症状。禾谷类作物缺锌时，生长受到抑制，光合作用明显变弱。

据研究，施用锌肥对水稻、小麦、玉米、高粱、甘薯、棉花、油菜、大豆、花生、西红柿、黄瓜、芹菜、白菜、甜椒、马铃薯、甘蓝、菠菜、果树等农作物均有显著的增产效果。我国目前锌肥的主要品种为七水硫酸锌，可用作基肥、追肥或喷施、浸种、拌种等。此外还有氯化锌、尿素锌、乙二胺四乙酸螯合锌及含锌复合肥等。

2. 硼肥

缺硼会抑制根系的生长。缺硼时，农作物的生殖器官及开花结实受到的影响最为突出，形成"花而不实"等现象。在缺硼土壤上施用硼肥，油菜可增产15%左右。硼肥与有机肥或氮磷肥配合施用效果更好。大豆施硼肥可增产9.7%～25.1%。黑土上施硼肥甜菜可增产10%～20%，糖度提高0.5～0.8。

我国目前主要的硼肥品种为硼砂，其次是硼酸和硼泥等。硼砂含硼量11%，可用于基肥、追肥、喷施和浸种。硼酸含硼量17%，可做基肥、追肥或浸种、拌种和喷施。硼泥是生产硼砂的下脚料，除含硼外，还含一定数量的镁、硅、钙和铁。硼泥可做基肥。

3. 锰肥

如果农作物体内锰素不足，常常引起叶片失绿，使光合作用减弱。缺锰时，农作物往往易感染某些病害；锰充足，可以增强农作物对某些病害的抗性。一般情况下，酸性土壤和水稻土很少缺锰。施锰可以提高农作物产量。我国常用的锰肥主要是硫酸锰。做基肥时每公顷用30～60千克硫酸锰加适量农家肥或细干土150～225千克，拌匀条施在播种沟的一侧，施后盖土。也可做追肥（喷施或土施）或拌种和浸种用。喷施的硫酸锰浓度一般为0.1%～0.2%。蔬菜施锰肥以基施和喷施为主，果树施锰肥以喷施为主，也可土壤追施。土壤追肥在早春进行，每株用硫酸锰200～300克（视树体大小而定），于树干周围施用，施后盖土。追施加喷施，效果更好。

4. 钼肥

钼肥是我国最早施用的一种微肥，20世纪50年代中期首先在大豆上试验成功，并在东北三省得到广泛施用。由于钼与固氮作用关系密切，豆科作物对钼肥有特殊的需要，钼肥施用在豆科作物上效果显著。在农作物缺钼时，维生素 C 的浓度显著减少，引起光合作用水平的降低，糖的含量特别是还原糖的含量降低，表明钼也参与碳水化合物的代谢过程。

由于土壤 pH 的影响，在南方红壤上，钼的肥效一般都很好。在施用磷肥以后，农作物吸收钼的能力提高。一般农作物含钼量小于 0.1 毫克/千克时会发生缺钼症状。牧草中含钼大于 15 毫克/千克时，会引起家畜中毒。

我国钼肥的主要品种有钼酸铵、钼酸钠和三氧化钼。此外，含钼废水与废渣也可以作钼肥施用。钼酸铵和钼酸钠可做基肥、追肥、种肥或叶面喷施用；三氧化钼很少单独施用，常将它加到过磷酸钙中制成含钼过磷酸钙施用。种子处理是钼肥施用最常见的施肥方法之一，效果好，分为浸种和拌种两种方式。浸种适用于吸收溶液少而慢的种子，如稻谷、棉籽、绿肥种子等。拌种适用于溶液吸收量大而快的种子，如豆类。喷施肥液浓度为 0.05％～0.1％，每隔 7～10 天喷 1 次，共喷 2～3 次，每次每亩用肥液 50～75 升。

5. 铜肥

农作物缺铜，叶绿素含量减少。缺铜影响花粉受精和种子的形成，造成"花而不实"。缺铜稻田施铜可以明显促进水稻的生长发育，抑制赤枯病和后期枯萎现象发生。施铜可提高小麦的抗寒性和抗旱性，提高烟叶上等烟和中等烟的百分率。我国大部分土壤的有效铜含量都比较丰富，不存在大面积连片的缺铜区。在南方，缺铜的土壤主要分布在四川、贵州两省。在北方，由黄土发育的各类土壤，如绵土和娄土等，含铜均不高。

铜肥的品种有硫酸铜、氧化铜和碱式硫酸铜等。硫酸铜适于做基肥或拌种、浸种和喷施用。在磷肥施用量较大的土壤上，最好采用种子处理或叶面喷施，以防止磷与铜结合成难溶性盐，降低铜的有效性。氧化铜和碱式硫酸铜只适于做基肥，在酸性土壤上施用。

6. 铁肥

铁有利于叶绿素的形成。缺铁时，叶片发生失绿现象，严重时叶片变成灰白色。我国主要的铁肥品种有硫酸亚铁、尿素铁、硫酸亚铁铁和黄腐酸二胺铁等。硫酸亚铁适于做基肥、种肥、追肥及叶面喷施用。尿素铁是一种络合物，适于做基肥、追肥和叶面喷施。黄腐酸二胺铁（黄腐酸铁）是氮、铁的络合有机物，含铁量 0.2％～0.4％，为黄棕色液体，易溶于水，适于作喷施用。

六、叶面肥料的种类

除了农作物根系可以吸收营养外，农作物的茎叶也可以吸收喷洒在其表面的营养。向作物根系以外的营养体表面施用肥料的措施叫作叶面施肥。凡是可以溶于水的肥料均能用作叶面肥。叶面肥主要是由水溶性肥料、微量元素和生物活性物质组成的混合物，通常被制成可溶性粉末或液体，易于使用和吸收。

与土壤施肥相比，通过叶片吸收的营养比根系吸收营养迅速，见效快。叶面施肥是补充和调节农作物营养的有效措施，特别是在逆境条件下，根部吸收能力受到障碍，叶面施肥常能发挥特殊效果。农作物对微量元素的需要量少，在土壤中微量元素不是严重缺乏的情况下，通过叶面喷施常能满足农作物的需要。

叶面肥的主要成分可以是无机盐，也可以是氨基酸、腐殖酸等有机成分。作为叶面肥料，至少应具备以下三个条件：①肥料中的水不溶物小于5%；②对农作物、土壤和人、畜没有毒害；③对农作物起主要作用的成分是营养元素，而添加的激素等生长调节物质只起辅助作用。

根据营养成分可把叶面肥分为简单叶面肥料和多元素叶面肥料。常用的简单叶面肥料有尿素、磷酸二氢钾、硝酸钙、硫酸锌、硫酸锰、钼酸铵和硫酸亚铁等；多元素叶面肥料可以是几种微量元素的相加，可以是几种大中营养元素的相加，也可以是几种大、中、微量元素的相加。从元素形态看，可以是无机盐也可以是络合物；从肥料状态看，可以是固态也可以是液态。采用叶面施肥的方法，避免了土壤对营养元素的吸附和固定，从而提高了肥料利用率。

喷施叶面肥的目的是增加产量、改善品质和增加抗逆性。由于叶面肥直接喷施于农作物地上部的表面，没有土壤的缓冲，喷施的浓度非常关键。浓度太低，效果不明显；浓度过高，灼伤叶片造成肥害。此外，为延长叶面被肥料溶液湿润的时间，以利于元素的吸收，因而喷施时间最好选在风力不大的傍晚。在选用尿素作叶面肥时，应注意尿素的质量，尿素中缩二脲的含量应低于1%，否则会引起叶面灼伤。

七、有机肥的种类

中国是有机肥施用的发祥地之一。我国农民利用粪尿骨汁等做肥料，已有2000多年的历史。有机肥料的主要成分是有机质，施用有机肥料可以提高土壤中的有机质含量。有机肥料可以改良土壤物理、化学和生物学特性，培肥地力，可以提高土壤活性和生物繁殖转化能力，从而提高土壤的吸附性能、缓冲性能和抗逆性能。由于有机肥料中各种养分比较齐全,这就为农作物高产、优质提供了前提条件。

有机物在土壤中分解腐烂,形成腐殖质,腐殖质中含有各类腐殖酸。利用一定浓度的腐殖酸或其盐,进行浸种、蘸根、叶面喷施及根施等,对大田作物、果树和蔬菜在一定的生长阶段可产生刺激作用,起到促进农作物的生长发育、提早成熟和增产的效果。腐殖酸还是一种有机高分子,阳离子交换量高,具有较强的络合吸附性能,因而施用有机肥可以有效地减轻铬污染土壤对农作物的毒害。

科学施用有机肥有良好的增产作用,可以改善农产品的营养品质、食味品质、外观品质和食品卫生(如降低硝酸盐和重金属含量)。例如把富含钾的草木灰、秸秆类有机肥施用于甜菜,可以提高其含糖量。用猪粪尿和绿肥做基肥单施,糙米含蛋白质态氮和氨基酸总量都有大幅度提高。草莓施用经蚯蚓处理过的城市垃圾肥,品质改善,维生素 C 含量提高 16.3%～21.4%,可溶性糖含量提高 11.6%～14.5%。近年来随着农业不断推进"减肥增效"措施,有机肥的施用得到了更多的重视。

有机肥料来源广泛,品种繁多。在生产实践中农民长期积累了"养、种、积、造"有机肥料的经验。全国农业技术推广服务中心按照有机肥料资源、特性及制成方法,把有机肥料分为粪尿类、堆肥类、秸秆肥类、绿肥类、土杂肥类、饼肥类、海肥类、腐殖酸类、农用城镇废弃物、沼气肥等 10 大类,每一大类又分为若干个品种。

不同有机肥料的收集、积制方式不同。粪尿是动物的排泄物,它包括人粪尿、家畜粪尿、禽粪、蚕粪等,含有丰富的有机质和各种营养元素。厩肥是农村的主要有机肥源,占农村有机肥料总量的 63%～72%。利用牲畜粪尿制成的厩肥多做基肥施用,秋施的效果较春施好。厩肥后效较长,具有改善土壤通气性、保水性、保肥性的良好作用,可以改良土壤、提高土壤肥力。人粪尿中含有许多病菌、虫卵,须经无害化处理后才能施用。在人粪尿中掺入 3～4 倍的细干土或 1～2 倍的草炭,有较好的保氮效果。将人粪尿与农作物秸秆、垃圾、马粪、泥土等制成高温堆肥,堆肥产生的高温可以杀虫灭菌,可使人粪尿利用达到无害化标准。禽粪作肥料也应先堆积腐熟后施用。禽粪在堆制过程中,易产生高温,造成氮素损失,宜干燥贮存,施用前再堆制。腐熟后的禽粪,养分含量高,多做追肥或种肥用。近年来,我国一些单位利用禽粪和化肥研制成无机有机复合肥,为有机肥料商品化和大型养禽场的有机肥料利用找到了新的途径。饼粕类做肥料,可以做基肥,也可以做追肥。沼气肥的沉渣宜做基肥施用,发酵液可做追肥施用。

绿肥是一种养分完全的优质生物肥源。按照绿肥的来源区分，有野生和栽培两类。按照绿肥的分类来区分，有豆科绿肥和非豆科绿肥两类。其中，豆科绿肥利用得最为广泛。我国常用的豆科绿肥作物有紫云英、田菁、苕子、豌豆、蚕豆、黄花苜蓿、绿豆和黄花草木樨等。绿肥在供应养分、改良土壤、改善农田生态环境和防止土壤侵蚀等方面均具有良好作用。绿肥多在农田中就地种植和翻压利用。

表　常见有机肥种类

种类	来源	特点
动物粪便肥	主要有牛粪、羊粪、鸡粪、鸭粪、猪粪等	富含氮、磷、钾等营养元素，但含水量较高，易挥发，需进行堆肥处理
植物秸秆肥	主要有稻草、麦草、玉米秸秆、花生秸秆等	富含含碳物质、纤维素等有机物，含水量较低，但不易分解，需进行发酵或混合其他有机物后使用
城市生活垃圾堆肥	利用城市垃圾、厨余垃圾等废弃物经过厌氧、好氧等微生物分解而制成的有机肥	营养成分较为均衡，但质量参差不齐，容易含有重金属等有害物质
沼液肥	利用畜禽粪便等原料，经过沼气池发酵产生的沼液制成的有机肥	富含氮、磷、钾等营养元素，且易被植物吸收利用，但含水量高，需要稀释使用
菌肥	以菌类为主要发酵菌的有机肥，常见的有菌渣、木屑菌肥等	富含有机酸、植物生长激素等物质，有促进植物生长、增强植物抗病性的作用
腐熟堆肥	通过将动植物的废弃物或有机物与一定数量的泥土或腐殖质混合，堆制成肥料	营养成分丰富，不易挥发和流失，但成分参差不齐，需要加入其他肥料进行调配
生物有机肥	通过添加有效微生物，加速有机物质分解，制成的具有生物活性的有机肥	富含活性微生物，有利于土壤微生物生长繁殖，促进土壤肥力的提高和农作物生长发育

八、微生物肥料

微生物肥料是以微生物的生命活动导致农作物得到特定肥料效应的一种制品。人们对微生物肥料的认识、研究、生产和应用已有数十年的历史。

1. 微生物肥料的种类

目前按微生物肥料类的制品和种类来分析，可以把它们分为两类。第一类是通过其中所含微生物的生命活动，增加了植物营养元素的供应量，导致农作物营养状况的改善，从而使产量得以增加，这一类微生物肥料的代表品种是根瘤菌肥。第二类是广义范围的微生物肥料，这种微生物制品虽然也是通过其中所含的微生物生命活动的关键作用导致农作物增产，但这种关键作用不局限于提高农作物的营养元素供应水平，还包括了它们所产生的植物生长激素对农作物的刺激作用，促进农作物对营养元素的吸收作用，或者是拮抗某些病原微生物的致病作用，减轻病虫害而使农作物产量增加。

2. 微生物肥料的作用

（1）增进土壤肥力。各种自生、联合或共生的固氮微生物肥料，可以增加土壤中的氮素来源。多种分解磷钾矿物的微生物，可以将土壤中难溶的磷、钾溶解出来，转变为农作物能吸收利用的磷、钾形态。许多微生物能产生大量的多糖物质，提高土壤有机质含量。

（2）制造和协助农作物吸收营养。微生物肥料中，最重要的品种之一是根瘤菌肥。根瘤菌可以侵染豆科植物根部，在其根部形成根瘤，生活在根瘤里的根瘤菌类菌体利用豆科植物寄主提供的能量将空气中的氮气转化成氨，供给豆科植物的氮素需求。根瘤菌是固氮微生物中最有实用价值的。根瘤一生中向豆科植物寄主提供的氮素约占其一生需要量的30%～80%。

（3）增强植物抗病和抗旱能力。有些微生物肥料的菌种接种后，由于在农作物根部大量生长繁殖，成为农作物根际的优势菌，抑制或减少了病原微生物的繁殖机会，有的还有拮抗病原微生物的作用，起到了减轻农作物病害的功效。菌根真菌则由于在农作物根部的大量生长，其菌丝除了吸收有益于农作物的营养元素外，还增加水分吸收，利于农作物的抗旱。

（4）微生物肥料在使用过程中的注意事项：

①保证微生物肥料的产品质量；②微生物肥料的产品种类与使用的农作物应相符；③要在产品有效期内使用；④贮存温度要合适，通常要求微生物肥料产品的贮存温度不超过20℃，在4～10℃最好；⑤应严格按照使用说明书的要求使用；⑥优先在中低肥力土壤上使用。

研究表明，微生物肥料在中低肥力水平的地区使用效果较好，土壤肥力很高的地方使用后效果较差。我国土壤缺磷面积较大，约占总耕地面积的2/3。除了施用磷肥外，施用能够分解土壤中难溶态磷的细菌制造的磷细菌肥料，使其在农作物根际形成一个磷素供应较充分的微区，改善农作物磷营养也是一条重要途径。但总的来说，对微生物肥料的基础和应用研究仍较薄弱，今后应不断加强。

九、生物有机肥的种类

生物有机肥是指特定功能微生物与主要以动植物残体（如畜禽粪便、农作物秸秆等）为来源并经无害化处理、腐熟的有机物料复合而成的一类兼具微生物肥料和有机肥效应的肥料。根据其成分可知，这种肥料同时具备微生物肥料和有机肥料的作用。要求使用的微生物菌种安全、有效、有明确的来源和种类。

从外观上看，分为粉剂产品和颗粒产品。粉剂产品应松散、无恶臭味；颗粒产品应无明显机械杂质、大小均匀、无腐败味。同时对产品的有效活菌数、有机质含量、水分含量、pH 值、粪大肠菌群数、蛔虫卵死亡率和有效期均有技术要求，有效活菌数（cfu）$\geqslant$0.2 亿/克，有机质含量（以干基计）$\geqslant$25%。微生物菌剂包括根瘤菌或固氮菌、磷细菌和钾细菌。

尽管有机肥对农作物产量、土壤肥力和农作物品质的作用已比较明确，但生物有机肥中添加了具有特定功能的微生物，因而是一种新的商品化肥料，其综合作用有待于进一步研究。但有一点是肯定的，它可以为农业生产提供一种新的肥料来源，并且可以改善农村（尤其是大型养殖场附近）的环境，使有机肥利用进入工厂化生产的发展阶段，其意义不可低估。随着我国经济改革的不断深入，农村经济得到快速的发展，促进了养殖业的蓬勃发展。然而养殖业所产生的大量排泄物却给环境卫生带来了很大压力。生物有机肥经过无害化处理，对环境不造成污染。生物有机肥具有下述特点：

① 功效突出。在处理物料的过程中微生物大量繁殖，微生物在繁殖过程中产生大量的代谢物质，如抗生素、激素等。抗生素能明显抑制土传病菌的传播，提高农作物抗病能力；激素刺激农作物快速生长发育。粗制有机肥不但没有这些优点，其自身带有病菌反而成为农作物病菌的主要传染源。

② 肥效好。因为生产周期仅 7～10 天，所以较多地保留了有机物料的养分。

③ 使用安全。由于在处理过程中物料得到了彻底的腐熟，施到地里不会产生二次发酵，不会发生根系缺氧或烧根烧苗现象。

④ 使用方便。经充分腐熟后的有机肥，没有恶臭、质感松散、便于施用；制粒后还可机械施用，极大地改善了农民朋友的工作环境。

⑤ 培肥地力。随着大量有机肥的施入，丰富的有机物及有益微生物促进了土壤团粒结构的形成，极大地改善了土壤的微生态系统，增强了土壤透气性和保水保肥能力。

⑥ 养分全面。经过充分腐熟的生物有机肥，养分全面，兼有多种生物活性，而这些是化肥所无法比拟的。

十、新型高效肥料种类

多年以来，国内外农业科技人员一直努力研究、不断探索节肥增效生产技术。这些有效技术包括：肥料包膜、涂层肥料、非包膜控释肥料以及磷增效剂、活化剂等。目前国内外在农业上使用的控释肥主要作用是延长肥效期，增加农作物产量，有些可以提高某些农作物的品质。这些用剂主要成分为脲酶抑制剂、硝化抑制剂、生长调节剂类、微量元素及上述多种成分的混合物，许多产品在生产上已经应用并分别取得了一定效果。

1. 涂层尿素

涂层尿素是一种新型的氮肥，它是通过将尿素表面包覆一层特殊的聚合物涂层，从而使尿素的释放速度变缓，延缓了氮素的释放时间。涂层尿素还具有施用灵活、安全方便等优点，因此在现代农业中得到了广泛的应用。涂层液是以由硼、锌、铁、锰、钼等微量元素组成的胶态膜。制作方法是：按照尿素为 $1:100$ 的比例，将涂层液用喷雾器均匀喷洒在尿素表层并用铁锹不断翻动，之后晾干即可。相比传统的尿素，涂层尿素能够减少氮素的挥发和流失，提高氮素利用率，从而达到减少氮肥用量、降低环境污染的目的。

2. 天然矿物类肥料增效剂

某些天然矿物，如沸石、膨润土等具有强大离子吸附和交换能力以及良好黏结性和可塑性，能够调节土壤保肥供肥能力，提高植物对肥料养分利用率。如沸石经深加工、处理制取肥料增效剂，对于提高氮肥、尿素利用率有独特功效。如与肥料混施，具有增效作用。

3. 氨基酸类肥料增效剂

氨基酸类肥料增效剂是一种可以提高肥料效果的辅助剂。它主要由多种氨基酸、小分子肽等组成，可以促进农作物的生长和发育，提高农作物的光合效率、抗逆性、产量和品质。氨基酸类肥料增效剂的作用机理包括以下几个方面：

① 促进光合作用：氨基酸类肥料增效剂中的多种氨基酸和小分子肽可以作为光合作用的底物，提高光合作用的效率，增加植物体内的光合产物。

② 提高抗逆性：氨基酸类肥料增效剂可以增强植物的自身免疫能力，提高其对干旱、低温、盐碱等逆境的适应性。

③ 促进产量和品质：氨基酸类肥料增效剂中的氨基酸和小分子肽可以促进

农作物的花芽分化、开花结果，增加产量和改善品质。

氨基酸类肥料增效剂一般与其他肥料一起使用，可以提高肥料利用率，减少施肥量，从而降低成本，减少环境污染。

第三节　肥料的重要作用

肥料是农作物的"粮食"，是重要的农业生产资料之一，也是农业可持续发展的重要物质基础之一，在农业生产中起着重要作用。20世纪全球农作物产量的增加，其中有一半是由化肥的施用而取得的。全国化肥试验网5000多个肥效试验结果表明：与未施肥的对照相比，化肥的合理施用在水稻、小麦和玉米上平均增产48%。另外，通过合理施肥，可以有效地改善农作物品质，如适量施用钾肥，可明显提高蔬菜、瓜果中糖分和维生素含量，降低硝酸盐含量；还能够补充农作物吸收带走的养分，提高地面覆盖率，减缓或防止水土流失，维护地表水域、水体不受污染，保护耕地质量。

一、有机肥的主要作用

有机肥是我国农业生产中的传统肥料。就科学含义来讲，凡含有机质或含碳（C）元素的肥料，都可以称为有机肥。有机肥种类繁多，如人畜和家禽粪尿、农作物秸秆以及含腐殖酸的物料、饼肥、草炭、城市垃圾等。有机肥来源广泛，可以说，哪里有农业、畜牧业，哪里有人类的日常生活活动，哪里就能产生有机肥。有机肥制作简单，含有的养分种类多，除了含有大、中量元素之外，还含有微量元素。具体作用主要有以下几个方面：

（1）增加产量和提高品质。有机肥在农业生产漫长的历史阶段中起到了巨大的增产作用。我国的农业生产，一直是靠有机肥改良土壤，培肥地力的。有机肥含有植物所需要的大量营养成分、各种微量元素、糖分、脂肪和多种生物性激素，有效成分能直接供农作物吸收利用，土壤中的微生物能利用有机肥提高农作物的产量和营养品质以及外观品质。

（2）增加土壤肥力。有机肥含有丰富的有机物质。施用有机肥能增加土壤中有机质的含量，改良土壤的物理、化学和生物特性，熟化土壤、培肥地力。施用有机肥还能够增加有机胶体，大大增加土壤的吸附表面，使土壤颗粒胶结起来，变成稳定性的团粒结构，提高土壤的保水、保肥和透气的性能，并有调节土壤温度和湿度的能力。施用有机肥还可使土壤有益微生物的数量明显增加，提高土壤的理化活性，增加土壤养分，增强土壤的缓冲性和抗逆性。

（3）利于生态环境保护。有机肥的长期施用，能起到防止和减少环境污染的作用。首先是利用人畜、家禽的排泄物积存制作成肥料施入土壤里，消除对局部地域的地表地下水资源、土地和小气候的污染，减少了人畜、动植物病虫危害的蔓延。其次是经常施用有机肥，有利于土壤有机质含量增加，可大大提高土壤的吸附能力，有助于去除土壤中有毒物质或减轻其毒害。研究表明土壤中施用猪、鸡、马、羊等粪肥后，8天内土壤中的重金属铬含量可从50毫克/千克降至2～3毫克/千克。

二、化肥的主要作用

在耕地面积有限的情况下，要保障粮食有效供给，必须大幅度提高复种指数和农作物单产。然而复种指数固然可以使总产量有一定提高，但目前我国耕地的复种指数已达1.56，很难进一步提高。在保护山林、滩涂、湿地的前提下再扩大耕地面积也有一定困难，因此切实可行的办法是提高单位面积产量。

施肥作为农业增产重要措施已有千年以上的历史，但是植物营养理论的建立以及在这一理论指导下的施肥实践只不过200年的时间。目前的施肥（包括肥料品种和施肥技术）与科学合理的要求还有很大距离。肥料与植物产品、饲料与动物产品、食物与人类生存是紧密相连的3个不同层次，其中肥料是基础。没有充足的肥料，农作物产量就难以提高，动物没有足够的饲料，也就生产不出大量的畜禽产品，人类也就得不到足够的优质食物。因此，在一定程度上也可以说肥料是人类赖以生存的基础。

根据联合国粮农组织的调查结果，全球一半以上的人口所需能量的90%、所需蛋白质的80%，需要从谷物和其他植物性食物中获得。发展中国家粮食总产量的增加，近75%是通过提高土地单产而达到的。而在提高单位面积产量的诸多因素中，化肥所占的比例在50%以上。我国对农家肥与化肥的投入总量及比例和粮食产量关系的研究表明，1949年化肥在肥料总投入量中的比例仅为0.1%，1957年占比9%，1965年占比19.3%，1975年占比33.6%，1980年占比52.9%，1985年占比56.3%，1990年占比62.6%，1995年占比67.8%，2000年继续升高至69.4%，至2018年时已达到90%～95%。我国农田施用化肥占肥料养分投入总量的比重逐渐提高。

从世界范围讲，一般每亩农作物每一个生长季要从土壤中吸收氮素（N）

约为 13.3 千克，磷素（P_2O_5）约为 3.3 千克，钾素（K_2O）约为 13.3kg。尽管土壤通过风化作用和其他自然过程会释放出一些养分，但事实上土壤释放的养分只能满足农作物需要的 40%～60%，其余要靠施肥来解决，在肥料中有 60%～80% 是依据化肥来解决的。由此可以看出，化肥在农业生产中的重要作用。

但是，在实际生产中，化肥的施用存在一些问题。一是化肥施用量过高的问题日趋严重。自 20 世纪 90 年代化肥得到大规模应用以来，我国化肥施用总量从 2590.3 万吨（1990 年）增长到 5653.4 万吨（2018 年），每亩地化肥施用量也从 11.64 千克增长到 22.72 千克，是国际公认的化肥施用安全标准上限 15 千克/亩的 1.51 倍。二是化肥利用率过低也造成了资源浪费和环境污染。我国氮肥利用率只有约 38%，而欧美地区粮食作物氮肥利用率为 50%～65%，仍存在很大差距。同时，农业面源污染已经成为水环境污染的最大来源，而化肥的过量施用又是其重要原因之一。总体来看，我国化肥施用量已经超过了经济学意义上的最佳施用量，化肥施用的边际效益逐渐递减，给农业生产和生态环境带来了越来越大的经济损失。化肥对地下水的污染、化肥与土壤肥力等的关系日益引起人们的关注。化肥的利与弊以及在农业生产中的历史和未来地位，确实需要进行客观的评价和全面衡量。关键的问题是如何科学地使用化肥，以利避害。

第四节　肥料认识的误区

肥料是农业生产中不可缺少的生产资料之一，近年来农民对肥料的认识不断提高，但很多农民在肥料认识上仍存在不少误区：

（一）产量低是肥料的原因

很多农户认为产量上不去就是肥料的原因，其实产量上不去有很多原因，如天气、土质、施肥方法、肥料的选择、种子、农药和田间管理等，要从各个方面来考察，肥料只是其中的因素之一。

（二）配方一样，用量一样，效果一样

不同农作物和土壤质量、生长环境，同样配方同样用量也会导致养分利用出现差异，因此大力推广科学的测土配方施肥技术十分必要。

（三）用了含氮磷钾肥以后，别的肥就不用了

有些农户认为施用碳铵、磷肥和钾肥后就不用再施用其他的肥了，或者以为用好复合肥以后不需要再施用其它的肥了，这是不对的。单质肥料或复合肥中，普遍只含有氮磷钾元素，如果不注意及时补充中微量营养元素，农作物产量同样会受到较大的影响。例如棉花长期不追施硼肥就会影响其开花，导致产量下降；水稻新叶底部失绿、褪色，整个植株矮小不分蘖，生长参差不齐，这也有可能是缺锌的症状，而不一定是由病害引起的。

（四）化肥使用会造成土壤板结

"连年施用化肥，环境被污染了，土地也板结了"，这是当前很多人的观点，认为化肥是造成土壤退化、农作物品质下降的罪魁祸首，这是一种误导。土壤板结是由几个方面的原因造成的。一是农田土壤质地太黏，造成土壤表层板结。黏土中黏粒含量较多，因而土壤中孔隙较少，致使土壤通气、透水性较差，一旦下雨以后，容易造成土壤表层结皮。二是因镇压、翻耕等农耕措施导致上层土壤结构破坏，而有机质投入过少，致使表层土壤容易板结。三是由于我国部分地方地下水盐分含量高，长期利用这种地下水灌溉也容易引起表层土壤板结。四是秸秆及有机物还田量减少，使土壤有机物质补充不足，土壤结构变差，从而在遇到灌溉和强降雨等情况下，土壤表层容易板结。对于化肥是否会造成土壤板结，专家指出，经过全球100多年使用肥料的历史证明，化肥施入土壤会提高土壤养分含量、增加有机质、改良土壤结构，不会发生板结。

（五）否认化肥对农业生产的作用

认为自然界中既然有氮、磷、钾等元素，就不需要施用化肥。自然界中的营养元素不全面，也不完全是植物所需要的。如果在天然土地上种植，一个季节的耕种就可能消耗掉土地几十年的养分积累。所以，施用化肥是补充土壤中养分的必要手段。

（六）认为化肥施用多了会使地力变馋

地力变馋意思是说，第1~2年增施氮肥，能明显多打粮食，往后如果还施那么多氮肥，增产的粮食就减少了，往往只有进一步提高施肥量，才能维持原来的产量或略有提高。这句话听起来似乎有一定道理，但绝不是地变"馋"了。这是施肥不当造成的。许多农民只知道每年增施氮肥用量求得增产，而不知道养分平衡才是提高肥效的关键。举个例子来说，在供磷不足的情况下，偏施氮

肥，氮磷养分不平衡，农作物不能充分地吸收氮素，致使氮肥的利用率明显下降，因而误以为地变"馋"了。

（七）在绿色农产品生产过程中不能施用化肥

认为施用化肥与化学农药一样，担心施用化肥后农产品中也有某些有害物质的残留。这个认识是片面的。植物生长所必需的各种营养元素，除大气、水、土壤提供的之外，其余的要靠施肥来提供。当前农民常规施用的化肥只要达到国标或行业、企业所规定的标准，常规使用时，有毒有害物质如重金属等均不会影响农产品的质量。因此，只要控制氮肥和铜肥的用量，在农产品生产过程中化肥不仅是可以施用的，而且是必须施用的，任何一种营养元素的缺乏都会影响农作物生长及其产量。

（八）认为生产绿色农产品只能施用有机肥

施用有机肥多多益善，这也存在片面性，关键是有机肥的质量是否符合要求。具体来说，特别是以生活垃圾、污泥、畜禽粪便等为主要有机肥原料生产的商品有机肥或有机无机肥，其重金属含量有可能超标。

（九）认为只要合理使用肥料和农药，生产出的农产品就能达到绿色农产品标准

其实不然，因为农作物的生长环境是农产品能否达到绿色标准的基础。如果农田灌溉水的质量达不到要求，土壤中重金属或残留农药超标，大气环境质量恶劣，农产品的质量就很可能达不到绿色农产品的标准。只有切断污染源、净化空气和水、改良土壤环境，才能生产出达标的绿色农产品。

第五节　肥料真伪的判别

一、假冒伪劣肥料的主要种类及特征

① 以非肥料冒充肥料，或以一种肥料冒充另一种肥料。例如，用红石子冒充进口钾肥，用煤灰等工业废弃物冒充过磷酸钙，用硫酸镁冒充磷酸二氢钾。

② 掺杂、掺假。在肥料中掺入外观相近的其他非肥料物质或价格低廉的其他肥料。例如，在硫酸钾中掺入轻质碳酸钙，在磷酸二铵中掺入颗粒硫酸镁等。在肥料产品中，也有很多肥料品种的外观形状相同或相近，但是它们的利用价

值和作用却相差甚远，有些人在价格高的肥料中，掺入价格低的肥料，以获取更多的利润。例如，在尿素中掺入硝酸铵，在磷酸二氢钾中掺入结晶硫酸镁。

③ 有效含量不够。有些肥料厂家，在生产过程中，使用了劣质原料，或者是原料配方上、生产工艺上不注重管理，造成生产出来的产品有效成分量不足，包装上标的含量高，其实际含量低。

④ 不符合国家有关标准。有一些肥料，国家已经制定了相关标准，由于一些企业不具备生产这种肥料的条件，为了达到某种目的，就自己制定企业标准，或直接曲解国家制定的相关标准。

⑤ 过期、失效的肥料。有些肥料产品，如液体肥料、微生物肥料等一般都有有效期，过期、失效都属于假劣肥料。

⑥ 计量不足。无论是哪一种肥料，在包装上都注明净质（重）量，净质（重）量不包括皮质（重）量。有些厂家出厂的产品，将包装的质（重）量也算在内。这也是假劣肥料的表现形式。

⑦ 冒用他人注册商标或者是伪造注册商标。一般情况下，在某一个地区都有几个名牌的肥料品种，已深得广大农民群众的信赖。个别见利忘义的不法之徒，利用不合格的原材料生产肥料，想方设法仿冒名牌肥料商标，或者直接使用别人的商标。

⑧ 冒用名优标志、认证标志或获奖名称。好的肥料产品，一般都获得过很多的荣誉或奖励。个别厂家见别人包装上印有一些荣誉，也就编造一些荣誉印在包装上。

⑨ 没有取得肥料登记证，冒用登记证或登记证过期。2022年1月7日，农业农村部依据农业农村部令2022年第1号修改后重新公布肥料登记管理办法，对农田长期使用，有国家或行业标准的16种肥料免予登记，其他肥料都必须取得农业使用登记证，未经登记的肥料不能在农业上推广使用。由于种种原因，市场上无登记证的肥料品种依然存在，主要是复混肥、叶面肥等新型肥料；也有登记证过期仍继续生产的，还有的是直接冒用他人的登记证号，或分装的肥料无分装登记证。

⑩ 肥料标识不符合要求，夸大宣传效果，误导使用。为了规范肥料包装标识，2021年4月国家发布GB 18382—2021《肥料标识　内容和要求》，对肥料的标识做了具体规定。但是市场上有个别肥料厂家不按这一要求去做，在肥料名称的叫法上仍有"某某王"、"某某宝"等；在养分标注方面，仍有将大量元素养分与中、微量元素养分或有机养分混合在一起标注的现象，微量元素养分

不以单质元素含量标注而以实物标注的现象；包装上的文字也有不规范的地方，有竖着标的，也有斜着写的。这类产品不按照国家标准标注，就视为不符合国家标准产品，应作为假冒伪劣产品进行查处。

⑪ 无中文标识。在国内销售的肥料产品，应用规范的中文进行标注。个别厂家为了糊弄老百姓，只标外文和拼音，没有中文说明，这样的产品，老百姓认为是原装进口产品，即使看不懂也认为是好肥料。这类肥料也属于假冒伪劣肥料的范畴。

⑫ 生产的肥料产品与批准登记的内容不符。登记的肥料一般都是新型肥料。在取得登记证之前要进行正规的田间试验和配方评审，经试验和评审确有增产效果后才能批准登记，发给登记证，批准后的登记内容（包括适用土壤、适用农作物、标签说明、有效含量、配比）是不能随意改变的。个别厂家无视有关规定，擅自改变剂型、含量、标签内容等，都属非法产品。

二、肥料的简易识别方法

（一）直观法

直接用肉眼观察虽然是非常不准确的鉴别方法，但是在没有任何仪器、药品，且不掌握分析方法的情况下，凭经验和直观也可以对肥料的真伪做进一步判断。直观法就是凭我们的感官对肥料的色、味、形及肥料的包装盒标识进行观察、对比，从而作出判断。

第一：看肥料包装和标识。肥料的包装材料和包装袋上的标识都有明确的规定。肥料的国家推荐标准 GB/T 8569—2009 规定，肥料的包装上必须印有产品的名称、商标、养分含量、净重、厂名、厂址、标准编号、生产许可证号、肥料登记证号等标志。如果没有上述主要标志或标志不完整，就有可能是假冒伪劣肥料。另外，要注意肥料包装是否完好，有无拆封痕迹或重封现象，以防那些使用旧袋充装伪劣肥料的情况。还有，肥料包装上的标识要符合 GB 18382—2021 的要求。

第二：看颜色。各种肥料都有其特殊的颜色，据此可大体区分肥料的种类。氮肥除石灰氮为黑色，硝酸铵为白色或浅黄色等杂色外，其他品种一般为白色或无色。钾肥为白色和红色两种（磷酸二氢钾为白色）。磷肥大多有色，有灰色、深灰色或黑灰色。硅肥、磷石膏、硅钙钾肥也为灰色，但有冒充磷肥的现象。磷酸二铵为半透明、褐色。

第三：闻气味。一些肥料有刺鼻的氨味或强烈的酸味。如碳酸氢铵有强烈的氨味，硫酸铵略有酸味，石灰氮有特殊的腥臭味，过磷酸钙有酸味，其他肥料无特殊气味。

第四：看结晶状况。氮肥除石灰氮外，多为结晶体。钾肥为结晶体。磷酸二氢钾、磷酸二氢钾铵和一些微肥（硼砂、硼酸、硫酸锌、铁、铜肥）均为晶体。磷肥多为块状或粉状、粒状的非晶体。

表　主要肥料的直观识别方法

肥料类型	产品	外观	吸湿性
氮肥	碳酸氢铵	白色、淡黄色、淡灰色细小结晶，结晶呈粒状、板状或柱状	吸湿性，易潮解，有浓烈的氨味
	尿素	半透明白色、乳白色或淡黄色颗粒	易吸湿，易潮解
	硝酸铵	白色斜方形晶体，或白色/浅黄色颗粒	极易吸水自溶
	氯化铵	白色结晶或造粒呈白色球状，农用氯化铵允许带有微灰色或微黄色	易吸湿潮解
磷肥	过磷酸钙	深灰色、灰白色或淡黄色的疏松粉状物	
	重过磷酸钙	灰色或灰白色，粉状	
	钙镁磷肥	深灰色、灰绿色、墨绿色或棕色粉末	
	磷酸氢钙	白色粉状结晶。肥料级磷酸氢钙呈灰黄色或灰黑色	
钾肥	氯化钾	纯品为白色晶体。农用氯化钾呈乳白色、粉红色或暗红色，不透明。由苦卤制成的氯化钾为浅黄色小颗粒	稍有吸湿性
	硫酸钾	白色或淡黄色细结晶	吸湿性小，不易结块
复合肥	硝酸磷肥	浅灰色或乳白色颗粒	稍有吸湿性
	磷酸铵	白色或浅灰色颗粒	吸湿性小，不易结块
	磷酸二氢钾	白色或浅黄色结晶	吸湿性小
	硝酸钾	外观白色，通常以无色柱状晶体或细粒状存在	
复混肥料	—	黑灰色、灰色、乳白色、淡黄色等多种颜色，颜色因原料和制作工艺不同而异。但是，无论什么颜色，外观均为小球形，表面光滑，颗粒均匀，无明显的粉料和机械杂质。一般造粒的复混肥料均应加入防结块剂，为吸湿性小、无紧实的结块	

续表

肥料类型	产品	外观	吸湿性
微量元素肥料	七水硫酸锌	无色斜方晶体，农用磷酸锌因含微量的铁而显淡黄色。由于生产工艺不同，结晶颗粒大小不同	
	硫酸锰	淡粉色细小结晶，在干燥空气中失去结晶水呈白色，但不影响肥效	
	硫酸铜	蓝色三斜晶体。一般硫酸铜含有 5 个结晶水。失去部分结晶水变为蓝绿色，失去全部结晶水则变成白色粉末，但均不影响肥效	
	硫酸亚铁	绿中带蓝色的单斜晶体	
	硼砂	常呈短柱状晶体，其集合体多为粒状或皮壳状，呈鳞片形。白色，有时微带浅灰色、浅黄色、浅蓝色或淡绿色。有玻璃光泽	
	硼酸	无色微带珍珠光泽的三斜晶体或白色粉末	
	钼酸铵	淡黄色或略带浅绿色的菱形晶体	
	钼酸钠	白色晶体粉末	

（二）溶解法

绝大部分化肥都可以溶于水，但其溶解度（在标准大气压和 20℃的条件下，100 毫升水中能溶解的最大重量）不同，可以把化肥在水中溶解的情况作为判断化肥品种的参考。溶解法判断化肥品种需要准备一些用具，主要用具有：玻璃烧杯（200～250 毫升）、小天平（称量 200～500 克）、量筒或量杯（100 毫升）、温度计（100℃）、三脚架、石棉网、酒精灯、95％酒精、纯净水。为了将肥料磨成粉状，最好还备有玻璃研钵。常用的溶解方法如下。

一是水溶法。如果外表观察不易辨别肥料品种，则可根据肥料在水中的溶解情况加以区别。取肥料样品一小匙，慢慢倒入装有半杯清洁凉开水的玻璃烧杯中，用玻璃棒充分搅动，静置一会儿观察：全部溶解的多为硫酸铵、硝酸铵、氯化铵、尿素、硝酸钾、硫酸钾、磷酸铵等氮肥和钾肥，和磷酸二氢钾、磷酸二氢钾铵以及铜、锌、铁、锰、硼、钼等微量元素单质肥料；部分溶解的多为过磷酸钙、重过磷酸钙、硝酸铵钙等；不溶解或绝大部分不溶解的多为钙镁磷肥、磷矿粉、钢渣磷肥、磷石膏、硅肥、硅钙肥等。绝大部分不溶于水，产生气泡，并闻到有"电石"臭味的为石灰氮。

二是醇溶法。大部分肥料都不溶于酒精，只有硝酸铵、尿素、硝酸钙等少数几个品种可在酒精中溶解。通过肥料在酒精中和水中溶解的情况就可以对肥料的成分初步判断。

1. 主要氮肥品种

由颜色上看，主要氮肥品种均为白色，但是在水中的溶解量有明显不同。在20℃水中，每100毫升水能溶解100克以上的氮肥有硝酸铵、尿素、硝酸钙，这些肥料同时均能溶于酒精。每100毫升水能溶解80克以下的氮肥有碳酸氢铵、硫酸铵、氯化铵，这些肥料均不能溶于酒精。此外，肥料在水中溶解的多少与水的温度有关。温度高时溶解得多，温度低时溶解得少。为了便于读者了解不同氮肥的溶解情况，现将不同温度下100毫升水中能溶解肥料的数量列于下表。

表　不同氮肥在水中和酒精中的溶解情况（克/100毫升）

肥料名称	水温			在酒精中的溶解情况
	20℃	80℃	100℃	
碳酸氢铵	21	109	357	不溶
硫酸铵	75	95	103	不溶
氯化铵	37	80	100	微溶
硝酸铵	192	580	871	溶解
尿素	105	400	733	溶解
硝酸钙	129	358	363	溶解

检验的具体做法是：首先用量筒量取100毫升左右酒精放入烧杯中，将1克左右肥料投入酒精中，不断摇动，观察酒精中的肥料是否溶解。如果溶解，可能是硝酸铵、尿素或硝酸钙；如果不溶解，可能是碳酸氢铵、硫酸铵或氯化铵。然后，进一步进行检验：如果是不溶于酒精的肥料，用量筒量取10毫升水放入烧杯中，用天平称取2克肥料放入水中，不停摇动，肥料溶解后再称1.5克肥料投入原肥料溶液中，不停摇动，如不能溶解，这种肥料是碳酸氢铵。如果加入的1.5克肥料也能再度溶解，再称1.5克肥料放入已经溶解了3.5克肥料的溶液中，如果不能继续溶解，这种肥料是氯化铵；如果仍能溶解，再称3克肥料继续投入已溶解5克肥料的溶液中，经摇动不再继续溶解，则这种肥料是硫酸铵。

如果这种肥料溶于酒精，先用量筒量取10毫升水放入烧杯中，称10克肥料放水中，不停摇动，肥料溶解后再称2克肥料放入肥料溶液中，不停摇动，如不再溶解，这种肥料是尿素。如果溶解，再称 5 克肥料放入肥料溶液中，如不再溶解，这种肥料是硝酸钙。如果仍能溶解，这种肥料是硝酸铵。

2. 主要磷肥品种

磷肥与氮肥不同，在生产上是将磷矿石粉碎加酸加热，使磷矿中不容易被植物吸收的磷转化为容易被植物吸收的磷，因此常含有由矿石带来的杂质和化学反应中伴生的不溶解的化合物。此外，磷酸盐本身的溶解性也不如含氮化合物。所以，大部分磷肥不能完全溶于水。采用水溶法判断磷肥品种远不如氮肥准确。

用溶解法检验磷肥的方法是：称 1 克肥料放入约 20 毫升水中，不停摇动，观察溶解情况。如果可以在水中溶解一部分，这种肥料可能是过磷酸钙或重过磷酸钙。溶解多、沉淀少的是重过磷酸钙；溶解少、沉淀多的是过磷酸钙。如果在水中几乎不溶解，则可能是钙镁磷肥或磷酸二钙。这两种肥料单纯依靠溶解的方法很难区分。

3. 主要钾肥品种

我国常用的钾肥品种是氯化钾和硫酸钾。硫酸钾不溶于酒精，氯化钾微溶于酒精。这两种肥料在水中的溶解量也不相同，用量筒量取 20 毫升水放入烧杯中，加入 4 克肥料，不停摇动，如果肥料能顺利完全溶解，这种肥料是氯化钾；如果只溶解一部分，这种肥料是硫酸钾。

4. 主要复合肥料

(1) 硝酸磷肥的生产是用硝酸分解磷矿粉然后加氨中和，其主要成分是硝酸铵、硝酸钙、磷酸一铵、磷酸二铵、磷酸一钙和磷酸二钙，这些主要成分中有些易溶于水，有些难溶于水。所以，尽管硝酸磷肥作为一个肥料品种，属水溶性肥料，但是其溶解量不能用纯化合物的溶解量去衡量，无法用溶解法对其进行判别。

(2) 磷酸铵包括磷酸一铵和磷酸二铵，这两种化合物水溶性都很好。25℃下每 100 毫升的水中可溶解磷酸一铵 41.6 克，或磷酸二铵 72.1 克。因此，可以用 20 毫升水加入 10 克肥料，如能完全溶解是磷酸二铵，不能完全溶解是磷酸一铵。

(3) 硝酸钾和磷酸二氢钾均不溶于酒精，在常温下在水中的溶解量也相差不大，但在水温升高后两种肥料在水中的溶解量则有很大差别。其具体做法是：用量筒量取 20 毫升水放在烧杯中，加入 20 克肥料，缓慢加热并不停搅拌，当水温达到 80℃时，肥料能完全溶解，这种肥料是硝酸钾，如不能完全溶解是磷酸二氢钾。

5.复混肥料

复混肥料是肥料和添加剂的混合物。添加剂大多不溶于水，所以复混肥料一般不能完全溶于水，也没有固定的溶解度。

复混肥料遇水会产生溶散现象，即颗粒崩散变成粉状，如放在水中，颗粒会逐渐散开，但是不会变成完全溶解的透明溶液。肥料颗粒的溶散速率部分地反映养分的释放速率，不过也并不是溶散得愈快，肥料质量就愈好。因为造粒的复混肥料一方面要考虑氮、磷、钾养分的平衡与均匀，另一方面也要考虑降低肥料中养分释放速率，以达到延长肥效的目的。因此，不能用肥料溶散的快慢作为衡量肥料质量的唯一标准。当然，颗粒状复混肥料放入水中像小石子一样毫无变化，这样的肥料也不会是好肥料。

6.微量元素肥料

一般不同的微量元素肥料都具有其特有的颜色，比较容易分辨。此外，不同微量元素肥料在水中的溶解量也有很大不同。

表　微量元素肥料在水中的溶解度

肥料名称	溶解度/（克/100毫升）		
	20℃	80℃	100℃
硼酸	5.04	23.6	40.25
硼砂	2.56	31.4	52.5
硫酸锰	62.9	45.6	35.3
硫酸铜	32.0	83.8	114
硫酸锌	53.8	71.1	60.5
硫酸亚铁	48.0	79.9	57.3

（三）烧灼法

用烧灼法检验化肥，除需要有酒精灯外，还要准备1个小铁片（铁片长15厘米左右、宽2厘米左右，最好装1个隔热的手柄）、吸水纸（最好是滤纸，剪成1厘米宽的纸条）、1块木炭、1把镜子。

取少许肥料放在薄铁片或小刀上，或直接放在烧红的木炭上，观察现象。硫酸铵逐渐熔化并出现"沸腾"状，冒白烟，可闻到氨味，有残烬。碳酸氢铵直接分解，产生大量白烟，有强烈氨味，无残留物。氯化铵直接分解或升华产生大量白烟，有强烈氨味，冒白烟。硫酸钾或氯化钾无变化，但有爆裂声，没有氨味。燃烧并出现黄色火焰的是硝酸钠，出现紫色火焰的为硝酸钾。磷肥无变化（除骨粉有烧焦味外），但磷酸铵类肥料能熔化发烟，并且有氨味。

1.主要氮肥品种的检验方法

① 碳酸氢铵：用小铁片铲取少许肥料（约0.5克），在酒精灯上加热，发生大量白烟并有强烈的氨味，铁片上无残留物。

② 硫酸铵：用小铁片铲取约0.5克肥料在酒精灯上加热，肥料慢慢熔融，产生一些氨味，但是熔融物滞留在铁片上，不会很快挥发消失。用吸水纸片吸饱硫酸铵溶液，晾干后在酒精灯上加热，纸片不燃烧而产生大量白烟。

③ 氯化铵：用小铁片铲取约0.5克肥料在酒精灯上加热，肥料直接由固体变成气体或分解，没有先变成液体再蒸发的现象，产生大量白烟，有强烈的氨味和酸味，铁片上无残留物。

④ 尿素：放在铁片上的少量尿素在酒精灯上加热时会迅速熔化，冒白烟，有氨味。将固体尿素撒在烧红的木炭上能够燃烧。

⑤ 硝酸铵：在铁片上加热时不燃烧，逐渐熔化出现沸腾状，冒出有氨味的烟。

⑥ 硝酸钙：在铁片上加热时能够燃烧，发出亮光，铁片上残留白色的氧化钙。

2.主要磷肥品种的检验方法

无论是在铁片上加热还是撒在烧红的木炭上，均无明显变化。因此，无法用烧灼法检验磷肥。

3.主要钾肥品种的检验方法

无论是硫酸钾还是氯化钾，在铁片上加热均无变化，将肥料撒在烧红的木炭上，会发出噼啪的声音。用吸水纸条吸饱钾肥溶液，晾干后在酒精灯上燃烧，会发出紫红色的光。如不是钾肥而是氯化钠（食盐），燃烧时会发出黄白色的光，以此判别是不是钾肥。但是，硫酸钾、氯化钾两种肥料无法用烧灼法区分。

4.复合肥料的检验方法

不是所有的复合肥料都可以用烧灼法分辨。

① 硝酸钾：将少量肥料放在铁片上加热，加热时会放出氧气，这时如果用1根熄灭但还带有红火的火柴放在上方，熄灭的火柴会重新燃起。

② 磷酸二氢钾：将磷酸二氢钾放在铁片上加热，肥料会熔解为透明的液体，冷却后凝固为半透明的玻璃状物质——偏磷酸钾。

5.复混肥料的检验方法

复混肥料成分复杂，无法用烧灼法加以检验。

（四）碱性物质反应法

原理：铵盐与碱性物质反应放出氨气，通过闻味或试纸颜色变化可以判断。

方法：取少量肥料样品与等量的熟石灰或生石灰或纯碱等碱性物质加水搅拌，有氨臭味产生，或用湿润的广泛 pH 试纸检查放出的气体为碱性。证明为铵态氮肥或含铵的其他肥料。

可以简单地将肥料的简易识别方法总结为一看、二闻、三溶、四烧。

通过上述 4 种简易识别方法，基本上可将化肥的类别区分开来，并且氮肥中常见的一些品种也能确定下来。但对磷肥某些品种还不能确定，对钾肥也只能判断其类别，不能完全区别其品种。上述简易识别中，由于识别方法简单，某些现象的观察和确认，还带有一定的经验性，特别是对初学者掌握有一定的难度。因此，建议初学者在上述识别试验时，最好带一个与待识别化肥同类的已知肥料作为对照样品。如果在识别某种化肥时，它根本不表现出上述某种化肥应具有的特征，那么供试肥料可能是假冒产品。

化学肥料的简易识别方法只能定性地进行肥料鉴定，不能说明肥料质量的优劣，故广大农民在购买肥料时应选择信誉较好的大生产厂家的产品或已经在农业生产中应用且效果明显的肥料。如发现肥料质量问题，应与当地质检部门联系，以减少生产损失，维护自己的合法权益。

第六节　如何科学购肥

（一）选择正规企业、正规品牌的产品

目前市场上产品鱼龙混杂，质量良莠不齐。广大农户在选择产品时，一定要对复合肥厂家、品牌进行很好的研究。选择品牌正宗、质量稳定、技术资料完整准确科学的产品。选择到一个好的品牌，就是给自己选择了一个农作物营养专家。

（二）根据农作物选择复混（合）肥料

在种植水稻、小麦、棉花、油菜、玉米、大豆等农作物时选用含氯复混（合）肥料。在种植大棚蔬菜、经济附加值高的果品时，优先选用硫酸钾复混

（合）肥料。

（三）根据土壤或农作物施肥状况选择配方

据当地土壤养分状况和长期施肥水平，分别选择 1：1：1 或高氮、高磷、高氮、高钾配方产品。在大田作物上提倡基肥与追肥相结合施用。

第五章

科学施肥知多少

第一节　什么是科学施肥？

"人不吃饭瘦成猴，苗不吃饭产量愁"，因此，"人要饭养，苗要肥长"。当然，和人吃饭讲究"营养均衡，绿色健康"一样，农作物吃"化肥"也需要科学搭配，合理高效，既不能"因噎废食"，也不能过犹不及。"不吃或吃不饱"化肥的农作物生长缓慢，植株瘦小，叶片黄化，自然导致产量低下，品质恶化；相反，"吃撑了"的农作物虽然个头高大，但是"体弱多病"，贪青晚熟，最终影响产量形成和品质构建，还可能会造成环境污染甚至影响动物或消费人群健康。

肥料是农作物的粮食，也是重要的农业生产资料，同时也是全方位影响"三农"问题和决定生态环境质量的特色产业。因此，科学合理施肥不仅可有效提高农作物产量，同时也能改善土壤和大气环境，保护生态平衡，促进农业绿色、健康和可持续发展。所谓科学施肥，就是尽可能低的肥料投入获得最大的产出，并能维持和提高土壤肥力，保护土壤资源不受破坏，同时不断提高农产品品质。整体而言，科学施肥是保障农作物产量和品质的主要措施，在农作物生长过程中，通过科学施肥可以确保农作物获得充足有效的养分，满足其生长发育需要，使农作物可以更好地进行光合作用和物质合成与储存，增强农作物抗逆性。

　　十八大以来，党中央、国务院高度重视生态文明建设，农业农村部适时提出了"增产施肥、经济施肥、环保施肥"的新理念，对科学施肥的内涵进行了充实拓展和丰富完善，为全方位支撑农业绿色发展和乡村文明建设奠定了理论基础。目前，"水大肥勤不用问人"的传统施肥观念基本扭转，"科学施肥"意识正逐步深入人心并得以推广应用。因此，随着农业现代化程度的提高，传统经验施肥正在向科学高效和精准施肥方向转变。

　　在科学施肥技术理论方面，为促进农业生产的可持续发展，兼顾养分管理中的经济、社会和环境效益，国际植物营养研究所（IPNI）和国际肥料工业协会（I-FA）创新提出了"4R"养分管理的概念，即选择正确的肥料品种（right source）、采用正确的肥料用量（right rate）、在正确的时间（right time）将肥料施用在正确的位置上（right place）。农作物"4R"养分管理理论涉及多个学科及科学施肥基本原理，其组成部分中肥料品种、用量、时间和位置等每一部分均有自己相应的科学理论作为依据。从学科来看，主要涉及植物营养学、土壤学、植物生理学、农业生态学和农业经济学等；从农作物养分管理原理来讲，主要涵盖植物矿质营养学说、土壤养分归还学说、营养元素不可替代律、最小养分律、肥料报酬递减律、因子综合作用律等。该理论与测土配方施肥的理念是一致的，测土配方施肥不只是测土和配方，也要讲究施肥时期、施肥位置和方法。4个环节相辅相成，不可偏颇，全部都做到位了，养分供需也就协调了，肥料利用率也就提高了，不合理施肥造成的面源污染和耕地质量退化就会得到有效缓解和控制。

　　从科学施肥措施上来讲，与传统"看天看地看庄稼，看山看水看人家"经验施肥相比，目前广泛推广使用的科学施肥技术主要有测土配方施肥、缓控施肥、变量施肥和水肥一体化技术等。同时，在实际应用中建议合理施用有机肥，加强施肥工具与施肥技术的有机融合，及时推广使用高新技术和工具等。此外，一些种植特种经济作物（如铁棍山药）的区域，应有针对性开展土壤休耕措施，对耕地休养生息，待其恢复地力后继续耕种。土壤休耕可治理并修复生态环境，改良土壤性质，提升并巩固土壤生产力。

第二节　科学施肥的根本：测土配方施肥

　　目前，肥料的不合理施用是影响耕地质量提升的主要因素之一，积极推广测土配方施肥技术可有效提高肥料利用率，降低肥料使用量，保护农业生态环境，提升耕地质量等级，确保农业绿色、健康、可持续发展。测土配方施肥技术是以提高农作物产量为目标，以养分综合管理为手段，以农作物绿色、高产、优质、环境友好为方向，以建设资源节约型和环境友好型的集约化可持续农业为最终目标的高效、经济、科学的施肥技术。

测土配方施肥技术是以土壤测试和肥料田间试验结果为基础，根据农作物的需肥规律、土壤供肥性能和肥料效应，在合理配施有机肥的基础上，提出氮磷钾及中微量元素等肥料的施用数量、施用时期和施用方法的一套完善施肥技术体系。该技术在遵循农作物自然生长规律的基础上，因缺补缺，按需施肥。通过测土配方可建立科学适宜的肥料配比，优化施肥结构、减少化肥施用，从而提高土壤肥力，增强耕地基础地力，在减少肥料污染的同时，有效缓解我国农业资源供需与农产品品质不平衡的矛盾，对农业生态环境保护及可持续发展具有前瞻性战略意义。

在基础理论依据方面，测土配方施肥是以农作物营养与施肥中养分归还学说、最小养分律、同等重要律、不可替代律、肥料效应报酬递减律和因子综合作用律等为理论依据，以确定不同养分的适宜施用量和配比。同时，为了发挥肥料的最大增产效益，施肥必须与品种、栽培、机械等因素紧密有效结合，形成一套完善且科学的施肥技术体系。在施肥基本原则方面，测土配方施肥应遵循有机无机相结合、大量与中微量元素相结合以及用地养地相结合的基本要求，有效培肥地力，实现农业可持续发展。

测土配方施肥技术流程主要包括测土、配方和施肥 3 个方面，测土是配方的依据、施肥是配方的实施。其技术要点主要有土样采集、土壤分析测试、确定配方、配方肥加工生产与销售和配方优化完善等步骤。

① 土样采集。土样集中采集是测土配方施肥重要的前期准备工作，一般在秋收之后进行。采集土样时，要选取代表性采样点且深度控制在 20 厘米左右。如果农作物本身根系较深，可适当改变采样的深度，利用标准化采样单元完成工作后按照 S 型集中部署样点并且均匀取土，以保证土样都能均匀入袋，且相应的袋子要标明标签，备注相应的采样时间和采样人。

② 土壤分析测试。土壤养分分析测试是科学制定农作物专用肥配方的重要依据。由于我国种植业结构在不断变化调整，高产农作物品种不断增多，施肥结构与数量也出现了极大变化，土壤养分库也出现了显著变化。通过对土壤中的氮磷钾等元素进行测试，即可掌握土壤肥力状况，对症下药。

③ 确定配方。确定肥料配方需要有一定的专业知识和农业生产实践经验，一般主要由农业专家和农业技术人员来进行。技术人员根据土壤测试理化指标和养分丰缺特性，来明确农作物生产以及土壤所需要的化肥量。另外，还要充分考虑到不同农作物对不同肥料的利用率，由此科学决定肥料配比和使用量。在测试地块中，要具体明确肥料配方，农民据此施肥，使肥料配方得以实现。

④ 配方肥加工生产。配方肥的生产加工需要严谨的组织与系统服务，在加工过程中，要特别注意以下两方面问题：一是严格控制原料肥质量，选取信誉度较高的肥料厂，确保肥料质量。二是提升配方肥的科学性，农业技术推广机构可联合有资质肥料厂建立配肥站（厂），确保配方肥加工质量。结合不同土壤的肥力条件，有针对性地选择农作物施肥配方，并严格按照施肥程序进行作业，提高配方肥的利用率。

⑤ 配方优化完善。基于前期示范应用效果并结合田间试验，可对配方肥进行优化完善，从而保证测土配方施肥及专用肥配方能满足地区农业发展目标，发挥配方的价值，提高农业产量和质量。

第三节　正确把握施肥量、施肥时间

"4R"农作物养分管理策略中其中 2 个最为重要的就是把握正确的肥料用量（right rate）和施肥时间（right time）。在肥料用量方面，首先是要确定好肥料施用总量。由于不同农作物乃至品种对各种必需营养元素需求量不同，加之不同地块肥力特性和养分供应能力各有差异，因此确定好肥料用量就显得至关重要。肥料用量确定可采用平衡施肥原则并结合田间肥料效应试验结果以及专家经验三方相结合来进行。此外，对于土壤中某些营养元素过多或缺乏的状况，可以通过额外减施或增施策略进行调节，实行衡量监控。同时，有机肥施用量应根据土壤有机质含量以及养分供需状况来确定，以土壤有机质含量维持不变为前提，逐步提升土壤肥力，一般大田作物推荐有机肥施用量为 1000～3000 千克/亩，大棚等保护地蔬菜 4000～7000 千克/亩。

在确定好肥料施用总量基础上，优化确定好基追肥比例和数量尤为关键。该部分应充分考虑土壤肥力状况、农作物生长发育特性与需肥规律等来确定基追肥比例。对于土壤肥力较高、保肥性能较差、农作物前期需肥量较少的地块，应减少基施氮肥比例和用量，适当增加追肥比例和数量。针对土壤肥力不高、质地黏重或选用的肥料为缓控释肥料的地块，可适当提高基肥比重或数量。追肥的品种和数量应根据农作物长势长相和其他营养诊断方法来确定，缓控释肥料一般不推荐作追肥。

除施肥量外，掌握正确的施肥时期同样是合理施肥的重要依据。不同的植物种类其营养特性各不相同，即便是同一种植物在不同的生育期其营养特性和需肥量也是各异的，只有了解植物在不同的生育期对营养条件的需求特性，才能因需施肥、按"期"施肥，达到高产、改善品质和保护环境的目的。

植物的一生要经历许多不同的生长发育阶段，在这些阶段中，除前期种子营养阶段和后期根部停止吸收养分的阶段外，其他阶段均需通过根系或叶片等其他器官从土壤或介质中吸收养分，植物从环境中吸收养分的整个时期，叫植物的营养期。植物不同阶段从环境中吸收营养元素的种类、数量和比例等都有不同要求的时期，叫作植物的阶段营养期。因此，需要根据农作物的需肥特点、肥料特性和环境条件等确定正确的施肥时期。

（一）根据农作物的需肥特点确定施肥期

大田作物通常情况下前期需肥量较低，但需肥临界期时对养分需求较为迫切，此时应及时给予足量有效的养分；中期进入营养生长与生殖生长并进阶段后，对养分需求迅速升高，而后达至需肥高峰，此时养分若能充分供应则增产效果明显，该时期为施肥最大效率期；后期农作物对养分的需求逐渐降低，但如果脱肥对叶片功能和产量形成影响很大。所以，施肥要根据农作物阶段营养特点，准确把握最佳时机，灵活运用基肥、种肥、追肥、叶面施肥等手段，做到需肥临界期不缺肥、最大效率期满足供应、生长后期不脱肥。例如小麦越冬前吸收的养分以氮肥为主，磷次之，钾最低。返青后，吸收养分的数量猛增，直至孕穗、开花期，氮磷的吸收占比仍较高，开花以后，磷的吸收则明显降低，而氮到乳熟期仍有将近20％的比例可被吸收，到开花期钾已停止吸收。

（二）根据农作物生长发育特性确定最佳追肥时期

农作物是否追肥以及何时追肥需根据农作物生长发育状况、前期施肥时间以及肥效效应等具体情况来综合确定。对于基肥充足、农作物生长正常的田块可根据农作物阶段性营养特点在需肥最大效率来临之前进行追施，如小麦、玉米、花生追施氮肥可分别在拔节期、大喇叭口期和花针期进行；对于基肥或前期施肥充足、植株生长较旺的田块，可采取不追或延迟追肥，有脱肥趋势的则应及时追施；对于土壤肥力较差、基肥不足、长势较弱的田块则应提前追肥。

（三）根据肥料特性确定施肥时期

肥料品种不同，其肥效时间长短和快慢也各不相同。以磷肥为例，水溶性磷肥肥效迅速、枸溶性磷肥肥效较缓、难溶性磷肥释放速率则十分缓慢且肥料当季利用率低。尿素较铵态氮肥、硝态氮肥应用范围相对较广，缓控释肥料较普通化肥显效慢，应当提前追施或作基肥施用；水溶性肥料肥效发挥快，作叶面追肥或灌溉施肥整个生育期均可进行，施用时间可根据实际需要灵活掌握。

除上述因素外，确定正确的施肥时期还应注意：①确定不同时期农作物吸收养分的规律，实现养分供应与农作物养分需求同步；②明确土壤养分供应的动态变化；③了解土壤养分损失的动态变化；④考虑施肥与其他田间管理措施的配合，例如分次施肥时考虑是否与农药和除草剂混合使用等。

第四节　施肥位置及施肥方式也很重要

科学施肥技术是提高肥料利用率的重要手段，要求我们既要确定合适的肥料施用量和肥料品种，还要选择适宜的施肥时间和施肥位点，即我们常说的"4R"施肥技术。施肥位置的选择是科学施肥的重要环节，也是影响肥料利用率的重要因素。对于土壤施肥而言，根系是农作物吸收养分的主要器官，施肥位置优化是要将肥料精准施于根系附近，并且通过施肥位点调节农作物根系形态和分布特征，从而改善农作物养分吸收和干物质生产能力，提高产量和水肥利用效率。目前，不同施肥方式之间肥料利用率的差异主要源于施肥位置的不同而导致的养分在土壤空间分布上的差别，比如，表面撒施是最简便的肥料施用方法，也是目前我国非常普遍的肥料追施方法，但利用率较低，容易造成氮肥氨挥发，磷肥固定在地表无法迁移到根表等问题。而肥料深施后，养分损失减少，可以直接接触农作物根系或者减少向根系的迁移距离。大量研究已经证实肥料深施、穴施或条施均可以不同程度提高肥料利用率。但是，农作物根系在不断生长并发生形态变化，适宜的施肥位点也在不断改变。此外，不同种类农作物根系的生长规律和分布特征也存在差异，适宜的施肥位点也会存在差别。同时，不同营养元素在土壤中的迁移能力不同，比如硝态氮迁移距离长，磷迁移距离短，这也是需要考虑的因素。总体来看，要做到肥料的精准定位施加是非常困难的，施肥深度多少合适？如何跟农作物种类、生育期和肥料种类匹配？

劳动力能否满足多次施肥的要求？多次施肥是否会伤害根系？这些都是我们需要考虑的关键因素。目前，农业生产中比较常用的定位施肥方式包括借助农业机械的肥料深施技术和水肥结合的水肥一体化技术。

一、粮食作物施肥位置及施肥方式

小麦、玉米和水稻等粮食作物为一年生作物，一般采用基肥和追肥相配合的分次施肥方法，其中，基肥比较容易借助农业机械将肥料深施到合适位置。比如，黄淮海地区冬小麦基肥施用一般是将肥料表面均匀撒施，然后利用旋耕机翻耕入土，施肥深度大约为 10～20 厘米，使其充分与耕层土壤混合，这种施肥方法尤其适用于有机肥和无机肥的配合施用。水稻目前主推的施肥措施为机插侧深施肥技术，在秧苗移栽的同时，将水稻全生育期所需肥料通过人工或机械施用于偏离水稻秧苗根系 5 厘米左右、距地表 10 厘米左右的位置，既能满足农作物肥料需求，还可最大程度减少氨挥发，提高肥料利用率。黄淮海地区夏玉米主要采用种肥同播技术，在玉米播种时，将肥料一同播下，达到肥料深施的目的。但是，种子与肥料之间要有一定的间距，一般在 10 厘米左右。种肥间距过近，会使幼苗根区土壤溶液盐浓度过大，土壤溶液渗透压增高，造成缺水而发生"烧苗"，种肥过远，幼苗根系吸收不到养分，达不到提苗壮苗的目的。

图　小麦、水稻、玉米常用基肥深施技术（附彩图）

　　为了达到不同生育期养分的匹配供应，分次施肥是有效的肥料运筹手段，追肥是补充农作物养分最大效率期养分需求（尤其是氮素）的必要措施。由于追肥属于农作物生长周期内施肥，并且粮食作物种植密度较大，精准定位施肥的难度往往大于基肥。传统的人工或机械开沟施肥是有效的肥料深施手段，但需要消耗大量的劳动力，且能达到精准施肥和省时省力的追肥机械还比较欠缺，目前比较常见的还是采用表面撒施的追肥方式。撒施到土壤表面的肥料向地下的迁移就需要借助水分为介质，合理的水肥耦合技术也能较好地把养分带入根系吸收层，同时降低养分损失。比如，水稻是水田作物，常规的氮肥追施方法是直接将氮肥撒施于水面，氨挥发损失严重，氮肥利用效率低。在水稻上首先提出的"以水带氮"氮肥深施技术，采用干湿循环条件下的"以水带氮"节水灌溉模式可有效地将稻田中追施的部分尿素带入根际土壤，提高农作物产量。水稻"以水带氮"追肥技术要点为，在施肥前，稻田停止灌水，晾田数日，尽可能控制土壤处于水不饱和状态，氮肥表施后立即复浅水，使氮肥随水下渗，深施入土，可使60%的表施化肥氮被带入土壤，该技术对水稻节肥增产效果非常显著。对于小麦和玉米等旱地农作物，追肥可以结合灌溉和降雨来完成，比如在土壤水分处于不饱和状态下，降雨前撒施氮肥或撒施氮肥后灌溉，即可利用降雨或灌溉水将氮素带入深层土壤，可比较容易地达到"以水带氮"施肥的目的。这种施肥方式虽然可以起到将养分向根部迁移的目的，但不能精准控制氮肥去向，配合传统漫灌和降雨的氮肥追施，往往会造成氮素的淋失和径流损失，采用水肥一体化技术是更高效精准的施肥措施。从施肥角度考虑，水肥一体化技术可定量、精准地将氮肥带入根系区域，理论上可将根区土壤养分调控在既能满足农作物高产优质需求，又不至于过量造成对环境的负效应的范围之内，明显地提升肥料利用效率。目前，水肥一体化技术在粮食作物上的推广面积还比较少。

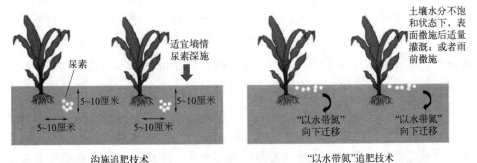

图　旱地农作物氮肥追施技术

二、果树施肥位置及施肥方式

果树一般为多年生作物，根系辐射面积大，施肥位置的选择更为重要。施肥部位应以果树种类、根系分布特点来定，一般将肥料施用在树冠在土壤上的垂直投影边缘区域，将这个区域称为"滴水线"。同时，还应根据果树的树龄选择不同的施肥位点。果树施肥一般都采用沟施的方法，根据开沟形状的不同，又可分为条沟施肥法、环状施肥法和放射沟施肥法。以环状施肥法为例，对于1～3年生幼树，应距树干30厘米左右处开沟施入，开沟深度15～25厘米为宜；对于4～9年生初果期树，开沟部位应距树干80～120厘米，深度20～40厘米为宜；对于盛果期树，开沟位置以树冠大小而定，在东、西、南、北四面开沟施入，在果树滴水线，深度为30～50厘米。不同果树的毛细根分布深度不同，对一些深根性的果树如梨、柿等，施肥深度应在40～50厘米左右为宜；对一些浅根性的果树如桃、李、葡萄等施肥深度则应保持在30～40厘米之间。此外，也应根据肥料种类调整施肥深度，比如硝态氮在土壤中易随水迁移，应施用在相对较浅的位置，防止氮素向下淋洗导致根系吸收不到。研究发现，苹果树上氮肥的最佳施肥深度为20厘米，肥效明显优于40厘米。因此，果树施肥应根据实际情况灵活调整，基本宗旨是将肥料施入到细根密集的位点，同时应考虑养分的迁移规律，氮、钾肥可适当浅施在根系上方，磷肥应施用在根区。

叶面施肥也是一种常用的施肥方法，是将营养液喷洒到叶片上，通过气孔扩散被叶片吸收的施肥措施。虽然，叶面施肥不能完全代替根部营养，仅是一种辅助的施肥方式，但常常能解决一些特殊的植物营养问题。值得注意的是，叶片表面的角质层是阻碍养分进入植物组织的屏障，所以一般角质层较薄的幼叶比成熟叶片养分吸收效率高，叶片背面的表皮组织更疏松，细胞间隙更大，吸收效率高于叶片正面。因此，进行叶面喷肥的时候，叶片的正反面都要均匀喷到。此外，钙、铁、锰、铜、锌、硼等元素在植物体内的移动能力较差，叶面喷施应重点喷施在新叶叶片上。其中，硼和钙在植物体内的移动性最弱，尤其应注意施肥位置，最好是将硼和钙喷施到目标器官上。比如，硼是影响农作物生殖生长的元素，缺硼容易导致果树的落花落果，硼肥一般应在果树初花期喷施，但要控制好浓度，并且避开盛花期施用，以免对花造成毒害。对于果树而言，叶片中的钙素很难通过韧皮部迁移到果实，因此钙肥应重点喷施在果实表面上，尤其是在果实套袋前，一定要补足钙肥。

第五节　科学选用新型肥料产品

新型肥料是化肥行业推陈出新的产物，主要是针对传统肥料利用率低、易污染环境、施用不方便等缺点，而对其进行物理、化学或生物化学的改性后生产出的一类新产品。传统肥料要达到高效，往往需要更复杂的施肥技术和手段，在农业劳动力普遍缺失的背景下，高效施肥技术推广难度较大，新型肥料的发展适用于轻简化施肥的要求，同时具有传统肥料不具备的新功能。当然，新型肥料种类繁多，功能性和针对的农业问题也不同，应该科学地选用新型肥料产品。目前，与传统肥料相比，新型肥料的"新"主要体现在以下几个方面：①新型材料的应用，比如添加脲酶抑制剂、硝化抑制剂的稳定性肥料，添加谷氨酸、海藻酸、腐殖酸等物质的肥料产品；②新技术，主要体现在生产工艺上，采用一些新的技术手段生产肥料；③新功能，传统肥料的功能是为农作物提供营养，新型肥料在营养功能上进一步拓宽，具有调控肥料养分释放速度（缓/控释肥料）、保水（添加保水剂）、防病（添加农药、抗病微生物等）等功能。

一、缓/控释肥料

缓/控释肥料是一个统称，包括缓释肥料和控释肥料两类。缓释肥料是通过化学复合或物理作用，使有效态养分随着时间而缓慢释放的化学肥料，特点是养分释放速率远小于普通肥料，但其养分释放速率并不可控。控释肥料是通过各种调控机制预先设定肥料在农作物生长季节的释放模式（释放时间和速率），使其养分释放与农作物需肥规律相一致的肥料，特点是以农作物的养分需求为目标，力争通过物理和化学等技术手段达到肥料中养分的释放速率与农作物需肥规律一致。虽然，控释肥料可以理解为缓释肥料的升级产品，但由于达到完全的养分释放可控难度比较大，目前缓释和控释肥料之间没有法定的界定。在实际应用中，习惯把需通过生物分解而释放养分的肥料产品（如脲甲醛），称作为缓释肥料。通常把控释性能较好的，比如聚合物或无机物包膜或包裹而成的肥料称为控释肥料（硫包衣肥料和树脂包衣肥料等）。缓/控释肥料是一种养分高效的新型肥料，具有减少追肥次数、不影响种子萌发和根系发育、减少农业面源污染、降低养分淋失等优势，结合配套的施用技术，可以有效降低肥料施用量、运输用工、时间和能耗，同时还减少了追肥可能给农作物带来的损伤，进而提升肥料利用率和农作物产量。

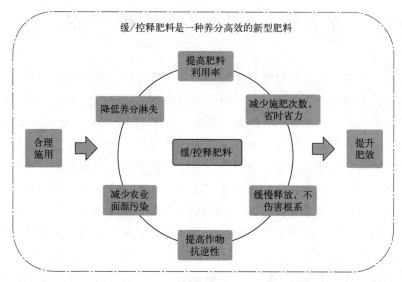

图　缓/控释肥料的作用

缓/控释肥料的选择和合理施用同样重要，应注意以下几个方面。①选择合适的缓/控释肥料产品：应根据农作物的生育期和养分需求量有针对性地选择合适的缓/控释肥料，达到控释时期匹配和养分含量适宜。②要与测土配方施肥技术相结合：测土配方施肥技术是一项先进的技术，可以确定不同产区、农作物的需肥特性和最优肥料配方。在最优配方的基础上，选择合适的缓控释肥料，可最大限度地节本增效，降低农业生产成本，提升农作物产量并降低环境污染。③与传统化肥掺混施用：普通化肥仍然是我国农作物生产用肥的主体，虽然有效期短，但释放迅速，能及时给农作物提供养分，尤其是在缓/控释肥料释放缓慢的时期。目前一次性施肥是缓/控释肥料的卖点，对于生长期短的农作物效果良好，但对于生长期 6 个月以上的农作物则需要在关键时期追施普通化肥，防止后期脱肥。④合理的施用时期：缓/控释肥一般用于基肥或前期追肥，即在农作物播种时或在播种后的幼苗生长期施用。⑤采用合理的施用方法：对于生育期较长的农作物，选用高氮、中磷、中钾控释肥，按照推荐量在播种前施用，后期可根据苗情适当追施尿素。对于生育期较短的农作物，选用高氮控释肥，按照推荐量一次性开沟基施于种子侧部，同时注意种、肥隔开（8～12 厘米），以免烧种或烧苗。

二、微生物肥料

农业标准《微生物肥料术语》（NY/T 1113—2006）提出了微生物肥料的定义，微生物肥料是指含有特定微生物活体的制品，应用于农业生产，通过其中所含微生物的生命活动，增加植物养分的供应量或促进植物生长，提高产量，改善农产品品质及农业生态环境。微生物肥料的核心是含有已知的、具有特定功能的微生物，其功效主要由产品中所含的微生物种类和功能决定。在登记管理上划分的微生物肥料种类主要包括两大类，分别为菌剂类和菌肥类，菌剂类产品主要为农用微生物菌剂，菌肥类主要包括生物有机肥和复合微生物肥两类。近年来，为了优化生物有机肥的功效，又衍生出全元生物有机肥和腐殖酸生物有机肥两类新产品。需要注意的是，这些微生物肥料产品均需严格执行相关国家标准、行业标准或地方标准的要求，才能进入市场销售。不同类别微生物肥料具有不同的特点和适用范围，应根据需求科学选用。

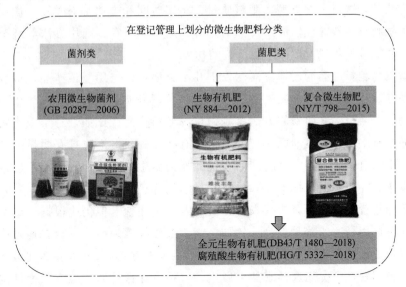

图　微生物肥料的分类

微生物肥料不同于传统肥料，菌种是微生物肥料的核心，菌种来源不同也导致微生物肥料产品质量良莠不齐。此外，微生物肥料中的功能菌是活的制品，货架期较短，适宜的保存条件至关重要。微生物肥料的保存条件要求比一般肥料更高，不合理的存放往往导致保质期内肥料产品质量不达标。从施用技术来看，微生物肥料发挥肥效的目标是功能菌在土壤或根际成功定植，并形成优势

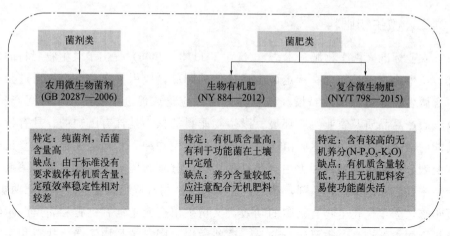

图　不同微生物肥料的优缺点

菌群，这是微生物肥料发挥其功效的先决条件。田间条件下，微生物肥料的效果稳定性差，这与土壤类型、肥料质量、施用时间和方法都有关系。因此，鉴于微生物肥料的特殊性，应从产品的选择、运输和保存、施用方法等环节层层把控，才能最大化地发挥微生物肥料的功效。

微生物肥料产品的选择应注意以下几个方面：①选用登记产品，最权威的渠道是登录"农业农村部微生物肥料和食用菌菌种质量监督检验测试中心"官网查询。②通过一些简易的方法鉴别微生物肥料优劣。比如，对于微生物菌剂类产品，基于培养基质的原因，都一定是有味道的，但不应具有明显的臭味或氨味。生物有机肥采用完全腐熟的有机肥作为微生物载体，因此也不应该有臭味或霉味。③应根据目标土壤和农作物类型选择微生物肥料。目前来看，生物有机肥和复合微生物肥对所有农作物具有普遍适用性，但仍应根据土壤类型和营养状况选用合适的菌种类型。比如，南方酸性红壤缺磷、钾较普遍，应优先选择解磷、钾微生物（胶质芽孢杆菌、巨大芽孢杆菌等）；北方和西北地区存在土壤盐碱问题，应优先选择耐盐碱微生物（枯草芽孢杆菌和地衣芽孢杆菌等）；秸秆还田量比较大的地区，存在秸秆腐熟较慢，影响种子萌发等问题，应有针对性地选择解纤维能力较强的芽孢杆菌；豆科作物可以进行生物固氮，应选择一些适用于该农作物的含根瘤菌产品。当然，在实际生产中，也可以针对出现的农业问题，选择适宜的微生物肥料。

微生物肥料的运输和保存也是限制其功效的重要环节。首先，微生物肥料在保存和运输过程中，应注意干燥、低温、避免暴晒，才能最大化地保证活菌数下降缓慢，保留肥效。其次，固体和液体菌肥均不怕冻，解冻后可正常使用，需注意的是液体菌肥冷冻后，应缓慢融化，禁止加入热水或在其他热源下融化。此外，应注意微生物肥料的保质期，国家标准规定的液体微生物肥料保质期是大于 3 个月，固体微生物肥料大于 6 个月，如保存管理得当，存放 1 年甚至更长时间，依然可以达到国家标准要求。

微生物肥料的作用机理不同于化肥，施用方法与化肥也存在差异。微生物肥料适宜的施用时间是清晨或傍晚，可以避免阳光中的紫外线将微生物杀死，同时应保持土壤具有较好的透气性和水分含量。高温和干旱均不利于微生物的生长，应结合翻耕入土和灌溉等措施提高微生物肥料的肥效。微生物肥料可单独使用，也可与其它肥料混合使用。但微生物肥料应避免与未腐熟的农家肥混用，农家肥发酵产生的高温能杀死微生物而影响肥效。此外，避免与过酸、过碱的肥料混用，尽量与化肥分开或分层施用，避免与杀菌剂、杀虫剂、除草剂和含硫的化肥（如硫酸钾等）以及草木灰混合用。此外，微生物肥料不宜久放，拆包后要及时施用，注意产品保质期。

三、稳定性氮肥

稳定性氮肥是指经过一定工艺加入脲酶抑制剂和（或）硝化抑制剂，施入土壤后能通过脲酶抑制剂抑制尿素水解，和（或）通过硝化抑制剂抑制硝化过程，使肥效得到延长的一类含氮肥料。稳定性肥料的增效作用主要针对氮肥，增效物质是脲酶抑制剂和硝化抑制剂，但两种增效物质的作用机制不同。脲酶抑制剂可以抑制土壤脲酶活性，延缓尿素水解速率，推迟土壤或田面水 NH_4^+-N 峰值出现的时间，并降低 NH_4^+-N 峰值，对于氮肥的氨挥发具有较好的抑制

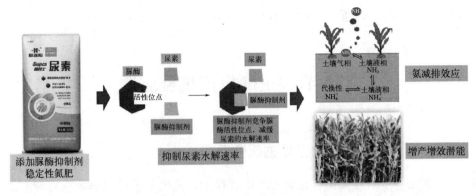

图　脲酶抑制剂的功效

效应，进而提升氮肥利用效率。脲酶抑制剂种类繁多，NBPT（N-丁基硫代磷酰三胺）是目前公认抑制效果良好的脲酶抑制剂，也是目前农业应用及商业开发上较为成功的脲酶抑制剂。

与脲酶抑制剂不同，硝化抑制剂可以抑制土壤铵态氮的硝化过程，使土壤中氮素更长时间以铵态氮的形式存在，可显著降低硝态氮的反硝化和氮素淋洗损失，但增加了农田氨挥发风险。据统计，硝化抑制剂可以降低28%～40%的氧化亚氮排放，但增加了36%的氨挥发损失。因此，在选择稳定性氮肥时，要综合考虑供试的土壤性质和施用目的，有针对性地选择合适的稳定性氮肥种类。同时添加脲酶抑制剂和硝化抑制剂双控的稳定性氮肥具有更好地降低氮素损失和提升氮肥利用效率的作用，但其成本相对较高。稳定性氮肥的重要性不仅仅是提高肥效，更重要的是降低氮肥氨挥发或氧化亚氮排放，对大气环境保护的意义更大。目前，由于稳定性氮肥的成本问题，在我国推广面积还较小，未来还有比较大的推广潜力。

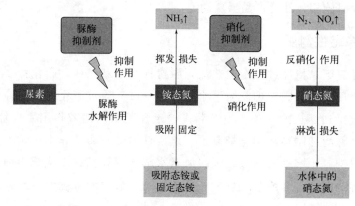

图　脲酶抑制剂和硝化抑制剂影响土壤氮素转化过程的示意图

第六节　正确应用机械施肥

一、我国施肥机械化技术的研究现状

我国是一个农业大国，在农业生产过程中，施肥是不可或缺的重要环节之一。在相当长的一段时期内，农业生产采用的都是手工施肥的方法，这种方法不但效率低，而且劳动强度大，极不利于农业生产效率的提升。随着科学技术的不断发展和进步，传统的手工施肥逐步向机械化过渡。在 20 世纪 80 年代初期，我国便开始对施肥机械展开研究，在业内专家学者的不懈努力下，取得了显著的成果。到 20 世纪 90 年代后期，我国加大了对精准农业及其技术的关注力度，在引进国外先进技术的基础上，科研人员通过不断探索，使精准农业的概念获得了社会的接受与认可，并在农业生产中得到越来越广泛的应用。

二、我国农业生产施肥机械的需求分析

在相当长的一段时期内，都是肥料生产适应施肥机械，以目前使用较为广泛的颗粒肥为例，虽然这种肥料会对肥效有一定程度的影响，但由于施肥机械的需要，故此仍然要进行生产。从肥效上看，有机肥、钙镁磷等粉状肥料的效果要明显优于颗粒肥，但因与之相配套的施肥机械缺失，从而不得不将这些肥料制作成颗粒状。为了改变肥料不适应施肥机械的现状，应当加大对施肥机械的研制开发力度。按照我国农业生产中使用的肥料特点，加快推进施肥机械化的发展速度，应在研发过程中对如下需求予以重点考虑。

（一）深施肥机械

在农业生产中，要求对肥料进行深施，特别是氮肥，若是将此类肥料仅仅施于地表，则会导致氨气挥发，这样不但会导致肥料的作用降低，而且还会对大气环境造成一定的污染。在对基肥进行施用时，通常都是以撒施的方式使肥料均匀分布在地表上，随后通过翻耕，使肥料与土壤进行充分混合，正常情况下，撒肥机可以完成上述操作。而随着保护性耕作的提出，使得土壤不再翻耕，若是在减小对土壤扰动的前提下，将肥料施入到土层 15～20 厘米中，需要有与之相应的机械配合。今后的保护性耕作将会越来越多，为满足这一需要，必须研究开发与之相配套的深施肥机械。

（二）追肥机械

在我国，几乎绝大部分农作物的种植中，都会进行追肥，这已经成为不可或缺的一个重要环节，虽然国家也加大了缓控释肥料的发展力度，但从实际情况上看，比例较低，仅为 5％左右，大部分小麦、水稻和玉米等农作物的种植过程，仍然需要进行追肥。各种小型的追肥机具全部需要人力进行驱动，不但费时费力，而且作业效率不高。现阶段，国内农业种植基本全部是手工操作，追肥也只能施放于地表，不但影响了肥料的利用效率，而且还对环境造成一定

的污染。鉴于此，加快研制开发农业生产追肥的机械设备非常必要。

（三）变量施肥机械

近年来，在一些发达国家中，变量施肥得到了越来越多的关注和重视，由此推动了与之相关施肥机械的发展速度。在这一背景下，我国从国外引进了很多变量施肥机械。然而，从国外引进的施肥机械操作界面均为英文，同时，必要的技术支撑也略显缺乏，致使这些变量施肥机械只能用作恒量施肥。随着我国农业生产规模的不断扩大，对变量施肥的要求不断提高，急需研发国产化的变量施肥机械以及与之相配套的技术软件。

（四）液体施肥机械

目前，我国已经开始生产尿素和硝铵溶液等液体肥料，并且在一些地区这种肥料得到了应用。随着液体肥料的推广使用，它的各种功能逐步得到了人们的关注，如增强土壤本身的 pH 值、杀虫、消毒等。为使此类肥料得到大范围的普及应用，应当加快与之配套的施肥机械的研发速度，从而满足农业生产的需要。

（五）近根施肥机械

任何一种植物的根系都无法在土壤中自由移动，这是植物本身的特性所决定的，也就是说，与植物根系距离最近的养分才更容易被植物吸收。而施肥的主要目的是为植物补充生长过程所需的养分，所以应当尽可能采用近根施肥的方法。当肥料被施在植物的根部时，除了能够使肥料的作用得以最大限度地发挥之外，还能使肥料损失率显著降低。而想要实现这一目标，就需要使用相应的施肥机械。以小麦为例，在进行播种的过程中，应当将肥料施在种子下方10～15 厘米的位置处，当小麦的根系正常生长发育后，便会将肥料包含在根部区域的范围之内。鉴于此，有必要研制近根施肥的机械设备。

三、施肥机械化技术的应用

1. 固态肥施肥机械

目前，在我国农业生产中，固态肥料的应用最为广泛，为提高此类肥料的施用效率，并使肥料本身的作用得以最大限度地发挥，可使用如下施肥机械。

（1）撒肥机　这种施肥机械可在整地前使用，其可将化肥均匀撒布在地面上，随后经过翻耕，使肥料深埋至耕作层下。该机械的优点主要体现在撒布的幅宽较大，工作效率比较高。但在实际应用中发现，此类机械可能会对种子造成烧伤，尤其在急于播种的情况下，故此，应加大这方面的研究力度。要通过技术改进，解决这一问题，从而使该撒肥机械能够得到更加广泛的使用。

（2）犁底施肥机　该施肥机械在农业生产中较为常见，它是在传统铧式犁上加装肥料箱、排肥器和导肥管等装置，在对土壤进行翻耕的过程中，完成基肥深施。该施肥机械的工作原理如下：拖拉机的动力经输出轴传给变速箱，再经变速箱减速后，由链条带动搅刀排肥器，排出的肥料经导肥管均匀撒布在犁好的地沟当中，随后，通过铧式犁将土壤翻上，将肥料覆盖严密。

2.排肥器

该施肥机械主要针对的是固态肥料，如颗粒肥、粉状肥等。目前使用的基本都是机械强排完成化肥的条播，其可完成搅动和排肥，能够避免化肥结块的情况发生。在应用排肥器时，应当确保选用的设备符合如下性能要求：要有稳定且均匀的排肥量，不会受到肥料箱内肥料多少、地形以及作业速度的影响；要有良好的通用性，可对多种肥料进行施播。目前，在国内农业生产中应用较为广泛的排肥器有以下两种，一种是星轮式，另一种是螺旋式，这两种排肥器都各具优点，可结合实际情况进行合理选用。

3.液肥施用机械

现阶段，农业生产中应用较为广泛的液体肥料有两种，一种是化学液肥，另一种是厩液肥。其中化学肥料以液压氨为主，在施用的过程中，为避免挥发损失，应当将之施放在深度为10～15厘米的窄沟内，并及时进行覆土压实。

液态化学肥料的施肥机械由以下几个部分组成：盛装液体的肥料箱、排液器、输液管、开沟器和操控装置。氨水的施肥机械具有结构简单、价格低廉和便于操作等特点。厩液肥作为农业生产中重要的有机肥源之一，是农作物种植中不可或缺的肥料。它的施肥机械有两种，一种是分泵式，另一种为自吸式。相比而言，后者的结构更加简单，性能也更为可靠。故此，推荐使用自吸式。

4.案例分析：果树机械化施肥现状

我国自然条件优越，适宜果树生长，是果品生产大国，果树栽培面积和产量均居世界第一。据统计，2018年全国果树栽培面积为1187.5万公顷，占世界总面积的17.3％，占中国耕地面积的8.7％；果品年产量25688.4万吨，占世界总产量的29.6％；国内水果市场规模达到了2.45万亿元，对国内生产总值（GDP）的贡献率为2.72％。水果产业不仅是继粮食、蔬菜之后的第三大农业种植产业，而且已经成为农民增收的主要产业。果树施肥是果园生产中的关键作业环节，施肥质量直接影响果树养分的吸收，合理施肥是保证果树丰产、稳产和增产的重要举措。目前，果树施肥主要以有机肥、无机肥和微生物肥相结合为方向，以控氮、稳磷、增钾、补钙为原则。主要施肥方式有深施基肥、土壤追肥、叶面喷肥、树干涂肥等。其中，基肥的肥料施用量占全年施肥总量的70%以上，是影响果树产量及果品品质最重要的阶段。果园基肥机械化施肥可以减轻劳动强度、降低人工成本，是实现果园减肥、提质、增效的重要措施。

四、果园基肥施肥机械化农艺要求及发展概况

（一）农艺要求

为了满足果树长梢、开花及结果，一般秋季在果树树冠外缘的正下方进行基肥施肥作业。其中，撒肥作业先将肥料撒施于地表，后用旋耕机将肥料旋入土壤中；开沟施肥作业可一次同时完成开沟、施肥和覆土作业；挖穴施肥作业一般先使用挖穴机进行挖穴，再人工施肥覆土。根据基肥施肥方式的不同，施肥机械化的农艺要求也不同，如下表所示。

表　基肥施肥机械化农艺要求

施肥方式	示意图	农艺要求
撒肥		肥料集中地撒施在树冠范围内，一般要求撒施均匀，施肥量满足果树施肥要求
开沟施肥		在果树树冠外缘的正下方进行开沟施肥作业，其中沟宽 w 在 20～40cm，沟深 h 在 20～40cm

续表

施肥方式	示意图	农艺要求
挖穴施肥		挖穴施肥是在距树冠 L 为 30cm 以内的树盘里，围绕主干挖星散分布的 $6\sim 8$ 个深度 H 为 $40\sim 50$cm、直径 d 为 $20\sim 30$cm 的坑，将肥料填入后覆盖

（二）发展概况

我国果树栽培的种类多、面积大、区域广泛、自然条件不同，直接决定各地区的作业机械选择不同。

（三）撒肥

肥料集中地撒施在树冠范围内，一般要求撒施均匀，施肥量满足果树施肥要求。在果树树冠外缘的正下方进行开沟施肥作业，其中沟宽在 $20\sim 40$ 厘米，沟深在 $20\sim 40$ 厘米。挖穴施肥是在距树冠为 30 厘米以内的树盘里，围绕主干挖星散分布的 $6\sim 8$ 个深度 H 为 $40\sim 50$ 厘米、直径 $20\sim 30$ 厘米的坑，将肥料填入后覆盖机械化程度差别显著。

各果品主产区域气候条件、地形条件、土壤条件差异较大，直接导致了各地区基肥施肥机械化水平不一致。目前，地势平坦地区的基肥施肥基本实现了机械化，而丘陵山地，由于地块狭小，栽培模式多、杂等，机械化水平较低，基肥施肥机械化发展严重不足。因此，应因地制宜确定不同区域果园基肥施肥机械化最佳方式和技术路线，以满足不同区域、不同作业环境的需求，从而全面提升果园基肥施肥机械化水平。

五、果园撒肥机的发展现状

果园撒肥机将固体肥料均匀撒布于地表，具有结构简单、效率高、撒施均匀、适合大面积作业等优点，广泛应用于农业发达国家。按照其施肥部件的不同可分为螺旋式撒施机、桨叶式撒施机、圆盘式撒施机、甩链式撒施机、锤片式撒施机和拨齿式撒施机。其中，圆盘式、桨叶式、螺旋式和锤片式撒施机应用比较广泛。

（一）国外撒肥机研究现状

国外经过几十年的发展，在 20 世纪 70 年代基本已经实现施肥过程的全面机械化。目前，国外撒肥机具有技术先进、功能完善、结构复杂等特点，已经达到较高的技术水平，并向大型化、智能化发展。在撒肥机的理论研究方面也取得较多的成果：Patterson 等最早在 1962 年建立了圆盘式撒肥机的肥料颗粒在离心圆盘上运动的数学模型；Hofstee 等探究了粒径、摩擦因数、恢复系数、空气动力学阻力等因素对肥料颗粒运动的影响；Olieslagers 等建立了旋转盘式撒肥机肥料运动的力学模型，研究了肥料颗粒在旋转盘和空气中的运动轨迹。Villette 等确定了肥料颗粒的速度和水平出口角、圆盘形状以及转速的函数关系，利用机器视觉技术，开发了数字成像系统，用于测量水平出口角，估计速度分量。Coetzee 等建立了离心式施肥机的离散元模型，研究了圆盘速度、进给位置、进给速度和叶片角度对肥料撒播的影响。在撒肥机械装备研究方面，目前国外主要使用圆盘离心式撒肥机，具有代表性的机型有：

法国 KUHN（库恩）公司研制的 Pro Twin 系列撒肥机，其主要机型和基本技术参数如下表所示。该系列撒肥机采用独特的双螺旋输送器式设计，较好地保证物料抛撒的均匀性和连续性。工作时，左侧螺旋输送器将物料向前推向卸料口，右侧的高位螺旋输送器将物料推向后方的同时持续喂入左侧螺旋输送器。当物料运动至锤片卸料口时，锤片将物料撕裂、粉碎，并且自下而上将物料均匀地、有节律地抛撒。该机优点：始终保持物料处于水平位置状态，并防止架空和挤压；适应性强，可抛撒多种物料。

表 Pro Twin 系列产品基本技术参数

型号	外形结构	主要技术参数
8110		拖拉机牵引进行作业，配套动力为 45 千瓦，肥箱最大容量为 3.3 立方米，配备摩擦式离合器动力输出装置保护
8118		拖拉机牵引进行作业，配套动力为 75 千瓦，肥箱最大容量为 6.9 立方米，配备切断式动力输出装置保护

续表

型号	外形结构	主要技术参数
8132		拖拉机牵引进行作业，配套动力为104千瓦，肥箱最大容量为12.3立方米，配备切断式动力输出装置保护
8150		拖拉机牵引进行作业，配套动力为168千瓦，肥箱最大容量为18.9立方米，配备切断式动力输出装置保护

德国 AMAZONE（阿玛松）公司设计研发的 ZA-X Perfect 系列撒肥机，工作时，排肥盘上有两个甩肥片可以调节肥量的多少和出肥方向，并且在甩肥盘上装有快速定位系统，能够快速调节叶片的位置，实现自动输送肥料，具有较高的自动化程度。为防止堵塞现象发生，该撒肥机在肥箱的底部配装有自动指针式搅拌器，将从肥箱上部落下的肥料进行搅拌，在挡板关闭之后自动降低转速以降低搅拌器的高速旋转对肥料的破坏。该机主要优点：肥箱和机架坚固；撒肥盘可快速调节；无需停车、无需下车，利用"Limiter X"进行舒适便捷的边界播撒智能搅拌。

（二）国内撒肥机研究现状

目前我国农村地区仍采用人工撒肥的施肥方式，这不但造成撒布不匀、效率低、肥效差，而且化肥还会对人体产生伤害。与国外先进撒肥机相比在自动化和智能化等方面存在差距，而且撒肥部件一般采用外槽轮式或螺旋输送器式排肥器，存在撒肥幅宽小、作业效率低等问题，影响了施肥效果，达不到使用要求。现阶段国内撒肥机的研究主要集中于对撒肥装置结构与性能的研究，以水平圆盘式为主，且缺乏对关键部件的理论研究。近年来在撒肥机装备研究方面，取得较大进展，具有代表性的研究有：

山东大华机械有限公司设计生产的 2FGB 系列撒肥机，整机结构如下图所示。整机工作时，通过三角带驱动的 2 个旋转盘实现撒布作业，在每个圆盘上有 4 个固定可调节的播齿，此结构除了可以提高撒布的均匀性外，可简单地改变播齿的角度，还可以改变撒布范围，由拖拉机变速箱提供动力控制送肥带和撒播盘。该机优点：适应性强，可撒施各种干湿粪肥、有机肥、农家肥、颗粒肥等肥料。

图　2FGB 系列撒肥机

胡永光等研制出叶片位置倾角可调的偏置式撒肥离心盘，整机结构如下图所示，主要由肥箱、机架、离心盘、下料口等构成。工作时，肥料在自身重力和机器振动的作用下，均匀落到离心盘上；在叶片的推动下，肥料以一定速度被抛出落到待施肥区域，即完成撒肥过程；同时置于拖拉机后端的旋耕机将所撒肥料覆土掩埋。该机的性能参数：有效施肥宽度 0.8 米，离心盘高 0.4 米，转速 300 转/分，前进速度 0.6～0.8 米/秒。该机优点：一次完成撒肥及旋耕覆土作业，避免肥效降低；与拖拉机配套使用，方便移动；施肥均匀性好，适宜性强。

图. 撒肥机整机结构图

六、果园开沟施肥机研究现状

果园开沟施肥主要分为开沟、施肥、覆土 3 个作业环节。作业时，整机在拖拉机的牵引下前进，开沟刀切削入土并将土抛起；肥料经输送装置落入所开沟槽中；同时覆土罩壳完成覆土作业。根据其工作部件的运动形态可分为 3 种类型：固定工作部件型、旋转工作部件型和非连续运转工作部件型。

（一）国外开沟施肥机研究现状

国外开沟机的发展带动了果园开沟施肥机械的发展。根据时间顺序，开沟机先后经历了铧式犁开沟机、旋转开沟机和链式开沟机 3 个阶段。在 20 世纪 50 年代，铧式犁作为最早的开沟机械被用于农田建设中，这种开沟机械效率较高、工作稳定，整个机构零部件较少且速度较快，最大的缺点是土壤硬度不能过大，所开的沟要人工修整。20 世纪 50 年代以后，随着大功率拖拉机的出现，旋转式开沟机逐渐兴起。其特点是可以破除土块，开沟的形状规则稳定，具有较强的适应性，需要的牵引阻力小，缺点是行走速度缓慢，结构形式过于复杂，消耗较高的功率。到了 20 世纪 70 年代，链式开沟机逐渐得到发展，其开沟整齐，可以挖较窄的沟。

美国 Ditch Witch（沟神）公司以生产小型开沟机为主，主要研制出 C、HT、RT 3 个系列的开沟机，代表机型及其基本技术参数如下表所示。Ditch Witch 也是目前唯一在刀链传动中采用双离合器变速器技术的公司。RT 机型为轮胎式，C 机型为履带式或轮胎式，可装备刀链式开沟机构、岩石轮和振动犁，操作方便，能在狭小的空间内作业。8020T 型开沟机可配置多种附件，包括开沟刀链、开沟和振动犁机组、反铲和岩石轮。该机优点：配备沟深探测仪，可实现开沟与探测同步，提高了工作效率和准确度。

表 Ditch Witch 开沟机基本技术参数

型号	外形结构	技术特点
C12		采用偏置后轮胎和枢转后轮设计，具有更好的操作性和更平稳的操作。配套动力为 9 千瓦，最大开沟深度 60.96 厘米，作业速度 0.61 米/秒，轮胎式
C16		采用 CX 履带设计，使整机反应灵敏、转向灵活、适应性强，配套动力为 12 千瓦，最大开沟深度 91.44 厘米，履带式

续表

型号	外形结构	技术特点
RT45		采用直接耦合的高扭矩挖掘链条电动机以及Tier4发动机，动力强劲，工作可靠。配套动力为37千瓦，最大开沟深度150厘米，作业速度2.11米/秒，轮胎式
RT125		装备有巡航控制系统，能感应发动机负载，并自动调整地面驱动速度，实现最大生产。配套动力为90千瓦，最大开沟深度239厘米，最大作业速度3.58米/秒，轮胎式

  美国Vermeer（威猛）公司生产的开沟机有多种形式，主要用于管线的铺设。开沟产品Vermeer T-1255 Commander采用双马达驱动，装备VermeerTEC2000.2计算机辅助控制系统，将独立元件集成为几个控制钮。该控制系统自动进刀，可根据工况自动调整开沟机，基本不需要驾驶员干预，减少或避免了手动调整、开沟刀链失速和发动机过载的问题，同时还可以监控开沟作业并记录机器工作参数。Vermeer大型开沟机的驾驶室也别具特色，多款开沟机配备豪华高架驾驶室，可使驾驶员在作业中根据需要调节视野，部分机型还配备回转操纵台的双人驾驶室。RTX系列开沟机采用VZ转向系统，Vermeer RTX系列开沟机Vermeer RTX series ditcher需轻推手杆即可轻松转向。Vermeer RTX系列开沟机的代表机型，RTX系列产品基本技术参数见下表。该机优点：配备有操作员在位系统，该系统在操作员离开控制装置时，自动切断动力，提高作业安全性；采用履带式行走系统，可实现开沟深度的控制，转向灵活为在狭窄空间里移动提供便利。

表　RTX系列产品基本技术参数

型号	开沟深度/厘米	开沟宽度/厘米	配套动力/千瓦	整机宽度/厘米
RTX130	76.2	10.2～15.2	9.7	89.0
RTX200	91.4	10.2～15.2	15.3	88.9
RTX250	122.0	10.2～20.3	18.6	87.6

（二）国内开沟施肥机研究现状

  我国果园开沟施肥机械研制起步较晚。最初采用分段式开沟施肥作业，使用开沟机完成开沟工作，再人工施肥填土，这种开沟施肥方式效率低、施工强度大。随着现代化果园的建设、果树的栽培面积和产量增加、农村劳动力减少，传统分段式开沟、施肥的作业方式不能满足果树产业的发展。因此，能够一次性完成开沟、施肥、覆土的开沟施肥机应运而生，较具代表性的研究工作有：高密市益丰机械有限公司研制出系列自走式多功能施肥机，如下图所示，基本技术参数如下表所示。多功能施肥机主要用于果园开沟施肥，兼顾旋耕、喷药、除草、园区开沟排水作业。该机体积小，操作灵敏，可原地转向，包含6个前进挡位和2个倒退挡位，在机器左侧手动操作；动力采用时风单缸水冷柴油机，开沟传动箱内全部为齿轮传动，结实耐用。该机施肥量为0～6升/米，作业速度7.5～20米/秒。

该机优点：采用螺旋输送器式强制排肥，肥量可调，不易堵塞；行走采用橡胶履带，具有良好的行走直线性和通过性。

图　自走式多功能施肥机

表　开沟施肥机基本技术参数

型号	开沟深度/厘米	开沟宽度/厘米	配套动力/千瓦	施肥深度/厘米	整机尺寸（长×宽×高）/（厘米×厘米×厘米）
2F—30—A	0～35	30	20.6	20～35	249×100×75
2F—30—B	0～35	30	25.7	20～35	249×100×92
3DT—40	0～35	35	29.4	0～30	270×102×90

刘双喜等联合研制2FQG-2型果园双行开沟施肥机，整机结构如下图所示，主要由机架、有机肥箱、复合肥箱、开沟装置、排肥装置、输肥装置、导肥装

置组成。工作时，随着机具前进，开沟刀盘转动，开沟刀切削入土并将土抛起；有机肥、化肥分别由排肥刮板、螺旋输送器排出，经导肥板落入所开沟槽内；同时，开沟罩壳将开沟刀抛起的土挡住，使其回落至已开沟槽内，实现开沟、施肥、覆土一体化作业。该机的性能参数：配套动力为 58 千瓦，最大开沟深度为 50 厘米，开沟宽度为 20～35 厘米，作业速度为 1.6 千米/时，有机肥最大施肥量可达 7.5 千克/米，化肥最大施肥量可达 2.25 千克/米。该机优点：双行开沟施肥作业，效率高；开沟深度可以实时检测并调节，开沟一致性好；开沟距离可以根据树龄和园艺要求调节，适用范围广；基肥、化肥混施，施肥效果好；施肥量可以根据果树生长状态调节，精量施肥，肥料浪费少。该机缺点：整机尺寸大，适用于矮砧密植的标准新型苹果园和株、行间距较大的传统苹果园，并不适用于株、行间距较小的苹果园。

图　2FQG-2 型果园双行开沟施肥机

七、果园挖穴施肥机研究现状

挖穴施肥机的主要工作部件是钻头，钻头由工作螺旋叶片、切土刀和钻尖构成。工作时，由钻尖定位并切削中心的泥土，切土刀在穴底水平切削中心的土壤，螺旋叶片把已被切削的碎土从底部向上输送至穴外。挖穴施肥机按配套动力的不同可分为手提式挖穴施肥机、悬挂式挖穴施肥机和自走式挖穴施肥机3 种，其中以悬挂式挖穴施肥机和手提式挖穴施肥机应用最广。在平地和缓坡丘陵地的果园中多采用自走式或悬挂式挖穴施肥机，而在坡度较大的山地果园或零星狭小地块的果园则多使用手提式挖穴施肥机。

（一）国外挖穴施肥机研究现状

英国 OPICO（欧佩克）公司研发的悬挂式挖穴施肥机基本技术参数如下表

所示。近年来，由于液压技术的普及和推广，欧佩克公司在挖穴施肥机上采用液压传动装置。液压驱动比万向节套管传动更加灵活方便，遇到阻力物体能起到安全缓冲作用，而且还可以根据地面的坡度对钻头进行调节，不仅适合于平原，而且对于大坡度的地形，也能挖出竖直穴。该机优点：整机结构简单，适用范围广；采用 Eaton 液压马达，传动平稳，作业效率高。

表　Model 系列机型基本技术参数

型号	外形结构	技术特点
8300		安装于装载机侧面或底部，采用可逆的 Eaton 液压马达，Timken 圆锥滚子轴承，具有更好的操作性，能够更平稳操作。最大钻孔直径 60.96 厘米，最大钻孔深度 101.6 厘米，传动比为 3∶1
8800		采用三点悬挂的方式安装于拖拉机尾部，采用可逆的 Eaton 液压马达，Timken 圆锥滚子轴承，具有更好的操作性，能够更平稳操作。最大钻孔直径 60.96 厘米，最大钻孔深度 101.6 厘米，传动比为 3.1∶1
8900		安装于装载机侧面或底部，采用可逆的 Eaton 液压马达，Timken 圆锥滚子轴承，以及独特的 Auburn 行星变速箱，传动平稳、操作灵活。最大钻孔直径 91.44 厘米，最大钻孔深度 182.9 厘米，传动比为 4.08∶1

小型便携式挖穴施肥机整机体积小，便于携带，适合在丘陵山区工作。日本、德国、意大利等发达国家对此均有研究。整机结构如下图所示，基本技术参数如下表所示。整机主要由螺旋钻、机架、通用机组成。挖穴机工作时，首先将钻头插入土壤中，然后将发动机抬起，钻头与发动机连接，完成挖穴工作。其中，减震装置能有效地克服机身工作时 70% 以上的反作用力，使操作者能够在轻松的工作环境下进行有效的工作。该机优点：结构简单，传动平稳，效率高，体积小，质量轻，适用性强。

图　便携式挖穴施肥机

表　便携式挖穴施肥机基本技术参数

国别	型号	挖坑深度/cm	挖坑直径/厘米	功率/千瓦	转速/(转/分)
日本	AG531	80	20～300	1.6	155
日本	AG4300	80	20～300	1.5	140
德国	STL360	120	90～350	2.4	50
意大利	LMTL51	70	8～20	1.6	200

（二）国内挖穴施肥机研究现状

国内悬挂式挖穴施肥机的生产和应用较为广泛。该类挖穴施肥机通常具有较大的功率，机动性较强，能挖较大和较深的穴，应用范围也比较广，而挖穴施肥一体机处于研究阶段，实现产业化较少。代表性的机具有：济南沃丰机械有限公司研制出的1WX系列挖穴施肥机，整机结构如下图所示，基本技术参数如下表所示。该机主要由机架、传动轴、传动箱、螺旋钻等组成。工作时，拖拉机为挖穴施肥机提供动力，带动螺旋钻转动，驾驶员操纵手柄实现挖穴作业。整机采用合金等材料制作钻头等部件，可靠性高、耐磨损；工作部分使用螺旋叶片，传动平稳。主要用于果树施肥、树木种植、温室立柱埋设等。该机优点：机具操作简单，安全可靠，维护保养方便，工作效率高。

图　1WX系列挖穴施肥机

表　1WX系列产品基本技术参数

型号	挖坑深度/厘米	钻头直径/厘米	配套动力/千瓦	转速/(转/分)
1WX-230	40～70	230	11.0	540～760
1WX-300	40～70	300	14.7	540～760
1WX-400	40～70	400	14.7	540～760

魏子凯等研制出山地果园挖穴施肥覆土机，整机结构如下图所示。主要由升降机构、挖穴覆土机构、施肥机构等构成。工作时，挖穴铲同时向下运动并

图　山地果园挖穴施肥覆土机

收拢，使挖穴铲入土完成挖穴作业，土壤保存于挖穴铲的内部；操纵施肥液压缸控制阀手柄，推动联动式舌板运动，完成施肥作业；最后挖坑铲分开，土壤靠重力作用落回坑中，支架下端面将粘在挖坑铲上的土壤刮下，完成覆土作业。该机的性能参数：最大挖穴深度为 40 厘米，最大挖坑穴径为 40 厘米，单穴的施肥量为 0.8 千克，配套动力为 13.2 千瓦。该机优点：一次完成挖穴、施肥、覆土作业，降低劳动强度；与拖拉机配套使用，方便移动。该机缺点：施肥量不可调，易造成肥料浪费。

八、展望

国内部分高校、企业、科研院所几十年的不断探索，我国果园基肥施肥机械已经从机具的简单仿制逐渐发展为高端施肥装备的改进研制、基础理论研究、新技术新产品的创新研发多措并举的全面发展新时代。新技术的应用以及新产品的开发，可以较好地适应不同区域的作业环境，其中中低端果园基肥施肥机械已经初具规模，较为成熟。部分实力雄厚的高校及科研院所开始结合精准、高效、智能的发展方向，研究国际领先的果园基肥机械化施肥技术及装备。针对果园基肥施肥机械化技术及装备，未来将从以下方面取得长足的进展。

（一）自动化、智能化技术在果园基肥施肥机械上的应用

目前，自动控制技术、智能检测技术、机电液一体化技术等在部分发达国家的高端果园施肥装备已经广泛采用。这些技术可以提高作业精度和效率，减轻劳动强度。而国内果园基肥施肥装备的施肥均匀性及稳定性尚不能实现精确控制，以环境感知、测距定位、农机调度为代表的先进技术在大田作业机械的应用日渐成熟，果园基肥施肥机械的智能化水平需逐步加强。为此，国内果园基肥施肥机械也将逐步向自动化、智能化方向发展。

（二）视觉定深施肥技术、精量施肥技术在果园基肥施肥机械的逐步应用

目前，基于图像处理的树体检测技术、变量施肥技术和施肥深度自动调节技术等在果园机械化施肥还处于研究阶段。其可以通过图像处理的方式获取果树树冠的关键参数及其营养状态；变量施肥控制系统根据土壤养分含量、树冠关键参数及果树营养状态，对果园施肥进行决策，调整施肥深度及施肥量，从而实现定深变量施肥。未来精量、精准施肥是果园施肥机械的发展方向。

（三）因地制宜确定不同区域果园基肥施肥机械化最佳方式和技术路线

经过几十年的发展，发达国家的果园施肥装备的产品系列化和标准化程度

高。与发达国家相比，我国果树的栽培面积居世界第一且栽培区域较广，地形复杂，导致施肥机械同类产品系列化、标准化程度不够，未能完全满足不同实际作业环境的需求，而且在作业速度、施肥质量、机具的使用寿命等方面仍需加强研究。果树的营养状况、地理条件、农艺的多样性共同决定了在今后相当长的一段时间内，撒肥机械、开沟施肥机械、挖穴施肥机械将长期并存，适合丘陵山区使用、自动化程度低的小型机械与适合平原地区使用、自动化程度高的大型施肥机械将长期并存。因此，同系列机型应尽量多地发展不同型号，以满足不同区域、不同作业环境的需求。

（四）基肥施肥装备的相关基础理论研究

为推进果园基肥施肥装备的发展，其相关基础理论研究具有重要意义。目前，机具结构、运动参数与作业质量的关系和外界地形、环境因素对施肥作业装备的影响机理以及肥料施用量、施肥位置、土肥混合状态对果树的作用效果有待进一步研究。随着国家引导、支持、鼓励果园施肥装备的发展，其相关基础理论必将成为研究热点。

第七节　水肥一体化灌溉与施肥同步，种田更轻松

灌溉施肥是灌溉技术与施肥技术相结合的一种现代农业技术，在农作物的生育期中，通过灌溉系统同步施肥，可以适时、适量地满足农作物对于养分和水分的共同需求，实现水肥同步管理和高效利用。

实现水肥一体化需要考虑两个方面的内容：一是灌溉设备；二是肥料。

一、灌溉施肥设备

选择灌溉设备需要考虑当地的土壤、气候条件以及应用作物，以及灌溉系统的保灌能力。主要包括以下几种：

（1）重力灌溉系统

此类系统较为简单，在自然大气压的条件下，水从开放管道流入灌溉系统，因此施肥管要比管道位置高。

（2）压力灌溉系统

为了克服灌溉系统的内部压力，将肥料溶液注入压力灌溉系统需要消耗能

量。依据让肥料溶液获得压力的方式不同，可以分为三类：

文丘里注肥器，这是利用文丘里吸力原理的一套设备，利用流动的水产生的压力将肥料溶液从肥料罐吸入灌溉系统中，在管道上有一个圆锥形的收窄，导致水流速度的提高和压力增加，进而将肥料从施肥罐中经过过滤装置吸入到灌溉系统中。

压差式注肥器，利用密封的金属罐，其上有一个节流阀，制造压差。此装置既可以使用固体肥料又可以使用液体肥料。

加压注肥器，注肥泵能够以一种预先设定好的速率，使从肥料母液池中吸取肥料液体的速度增加，加入灌溉水中，进而使灌溉水中的营养物质浓度保持恒定。此外，注肥泵还有不损失灌溉水压力的优势。

二、适宜灌溉施肥的肥料

在选择用于灌溉施肥的肥料种类时，要注意四个方面：

① 植物类型和生长发育时期；

② 土壤状态；

③ 灌溉水质；

④ 成本投入（肥料价格和易得性）。

总体而言，用于灌溉的肥料应该是高品质、高溶解性和高纯度的类型，具有较低的含盐量和合适的pH，以及必须适用于各类农场管理模式。主要关注以下的肥料特性：

形态：固体肥料和液体肥料都可以用于灌溉施肥，根据其易得性、经济可行性和便利性进行决定。

可溶性：较高的溶解性是肥料用于灌溉施肥系统的前提条件。肥料的溶解度随着温度的升高而升高。

交互性：要注意不同肥料的交互作用，为了避免交叉沉淀，可以采取以下措施：

① 确保使用的肥料之间是相容的，不产生沉淀，特别避免在pH较高时将含有钙质的肥料溶液和含磷、钾的溶液混合。

② 注意肥料可溶性及其与当地灌溉水可能产生沉淀的情况。

③ 在田间混合不同品种肥料时观察其温度变化情况。有些肥料单独或者与其他肥料一起时，可以将肥料溶液的温度降低到冰点以下，如 KNO_3 和 $Ca(NO_3)_2$ 等。

④ 腐蚀性，化学反应可能在肥料之间发生，也可能在肥料与灌溉系统的金属部件之间发生。腐蚀性可能会破坏系统的金属部件，如钢管、阀门等。

表 一些肥料的溶解度、pH 和其他特性

肥料名称	20℃时100升水中最大溶解量/千克	溶解时间/分	pH	不溶物/%	备注
尿素	105	20	9.5	忽略不计	尿素溶解时温度下降
硝酸铵(NH_4NO_3)	195	20	5.6		对镀锌铁和铜有腐蚀作用，肥料溶解时溶液冷却
硫酸铵[(NH_4)$_2SO_4$]	43	15	4.5	0.5	对低碳钢有腐蚀作用
磷酸一铵（MAP）	40	20	4.5	11	对碳钢有腐蚀作用
磷酸氢二铵（DAP）	60	20	7.6	15	对铜和低碳钢有腐蚀作用
氯化钾（KCl）	34	5	7.0～9.0	0.5	对铜和低碳钢有腐蚀作用
硫酸钾（K_2SO_4）	11	5	8.5～9.5	0.4～4.0	对低碳钢混凝土结构有腐蚀作用
磷酸二氢钾（MKP）	213		5.5	＜0.1	不具有腐蚀性
硝酸钾（KNO_3）	31	3	10.8	0.1	肥料溶解时溶液温度下降，对金属有腐蚀性

三、碱性和酸性土壤的灌溉施肥

（一）碱性土壤

碱性土壤有以下一些特点：有活性碳酸钙，过量的可溶性钙离子，硝化反应快，对外源性的来自肥料的磷的固定作用不强。所有的 N 素化肥都适合添加到碱性土壤的灌溉施肥系统中。甚至像尿素这样完全溶解于水，并在施肥初期由于土壤中脲酶作用而引起土壤 pH 值升高的氮素肥料，也可以在碱性土壤的微灌溉施肥系统中使用，而不会出现想象中的增加碱性土壤中尿素含量的情况。在碱性土壤中，黏土类型主要是 2：1 型的，铵离子很容易被吸附在黏土颗粒上，但由于灌溉水的稀释作用而不会引起农作物根系出现铵中毒的情况。土壤 pH 值的高低对选择钾肥种类、中量元素肥料和螯合态的微量元素没有影响。当然，Fe^{2+} 是一个例外。由于 Fe-EDTA 在碱性土壤 pH 值高于 6.5 时就不稳定，Fe-DTPA 被推荐在 pH 值高到 7.5 的碱性土壤中施用，而由于 Fe-EDDHA 在 pH 值高达 9 时都很稳定，从而被推荐在 pH 值特别高的碱性土壤上施用。

（二）酸性土壤

酸性土壤的特点是有活性铝离子存在，但 Ca^{2+} 缺乏，硝化反应慢，对外源性来自肥料的磷素有很强的固持性。用于酸性土壤上的灌溉施肥的氮肥推荐见下表，施用硝态氮会引起农作物根际土壤的 pH 值升高。根际土壤 pH 的升高，有助于减轻铝的毒害，促进农作物根系生长。

表　适宜中性、碱性（pH6.5～8.5）和酸性（pH4.5～6.5）土壤灌溉施肥的肥料

养分	中性-碱性土壤(pH 6.5～8.5)	酸性-中性土壤(pH 4.5～6.5)
氮		硝酸铵(NH_4NO_3)
		硝酸钾(KNO_3)
		硝酸钙[$Ca(NO_3)_2$]
		尿素(Urea)
	硫酸铵[$(NH_4)_2SO_4$]	
	磷酸铵($NH_4H_2PO_4$)	
磷		磷酸二氢钾(KH_2PO_4)
		聚磷酸铵
	磷酸(H_3PO_4)	
钾		氯化钾(KCl)
		硫酸钾(K_2SO_4)
		硝酸钾(KNO_3)
中量元素		硝酸钙[$Ca(NO_3)_2$]
		硝酸镁[$Mg(NO_3)_2$]
		硫酸钾(K_2SO_4)
微量元素		硼酸-B
		钼酸铵-Mo
		Cu/Zn/Mo/Mn 的 EDTA 螯合物
	EDDHA 螯合 Fe	EDTA 螯合 Fe
	DTPA 螯合 Fe	

四、灌溉施肥中的元素营养

（一）氮元素

1. 尿素

尿素 [$CO(NH_2)_2$] 在纯水中溶解时不带电荷。尿素和土壤接触后，很快就被转化为氨（NH_3）和二氧化碳（CO_2）。这种转换是在绝大多数土壤中都存在脲酶的情况下发生的。氨很快就和水反应生成氢氧化铵（$NH_3 + H_2O = NH_4OH$），导致土壤 pH 值升高。在田间施用尿素 1 天内，在施用尿素周围的土壤中就可以看到 pH 值升高的现象。

在灌溉施肥的条件下，尿素随灌溉水在土壤中移动。尿素在土壤湿润区的分布与其溶解到灌溉水的时间有关系。在冲洗周期以前的第三个灌水周期添加尿素的话，通过灌溉施用的尿素在湿润土区的边缘很容易被挥发损失。土壤表面的蒸发作用会导致接近土壤表面部分的尿素含量增高。土壤表面残余的尿素也一定会以氨的形式挥发到大气中。虽然在田间条件下很难监测到尿素氮的这种损失，但很多研究通过测试植物对氮的利用率，从而发现这是氮素直接损失的一个途径。无论是铵态氮还是尿素用于灌溉施肥的肥料，都可以检测到大量的 N_2O 和 NO 的损失。尿素的另外一个潜在的问题就是尿素中少量的杂质即缩二脲的影响。农作物生根和早期种子生长阶段，农作物能忍受尿素中缩二脲的含量为 2%。

2. 铵态氮

铵离子（NH_4^+）带正电荷（阳离子），被吸附在土壤黏粒表面带负电荷的地方，也可以置换土壤黏粒表面的其他阳离子。这些吸附在土壤黏粒表面的阳离子主要是 Ca^{2+} 和 Mg^{2+}。这种交互作用的结果是，铵在滴头附近聚集，被置换下来的大量的 Ca^{2+} 和少量的 Mg^{2+}，随灌溉水而移动。几天内，土壤中的铵通常就被土壤细菌氧化成硝态氮，随灌溉水在土壤中四处移动。

3. 硝态氮

硝酸根离子（NO_3^-）带负电荷（阴离子）。所以，它不会被吸附在带负电荷的碱性和中性土壤黏粒上。但是，它可以吸附在酸性土壤上带正电荷的氧化铁和氧化铝上。和尿素一样，硝态氮随水移动，而且其在土壤中的分布与将其注入施肥系统的时间有关。硝酸根离子是一种强氧化剂。在滴头附近，通常都有一定体积的水饱和的土壤，处于缺氧状态（厌氧条件）。在这种情况下，很多土壤微生物利用硝酸根离子中的氧而不再是利用氧分子满足其呼吸作用的需要，结果就导致一氧化二氮和氮气损失到大气中。这种硝酸根离子经生物还原反应变成一氧化二氮或者氮气（通常被称为反硝化作用）的机制，是氮肥损失的原因。在种植玉米的砂土田里进行灌溉，连续灌溉深为 70 毫米，导致每公顷 250 千克的气态氮素的损失。农户很少关注因过量灌水而引起的缺氧，进而导致气态氮素损失。其影响因素包括土壤黏粒含量高和土壤温度高，这些都会导致根区土壤微生物在呼吸作用中利用硝酸根。

表 部分大田作物和蔬菜不同相对生长阶段吸氮量

农作物	相对生长阶段/%					总吸收量/（克/株）	株数/（株/公顷）	预期产量/（吨/公顷）
	0～20	20～40	40～60	60～80	80～100			
	吸收量[①]/（克/株）							
棉花	0.20 (6)	1.80 (58)	3.80 (123)	2.20 (71)	1.60 (52)	9.60 (62)	25000	1.3[②]
玉米	0.25 (11)	1.58 (70)	1.00 (44)	0.83 (37)	0.50 (22)	4.17 (37)	60000	8
番茄	0.50 (19)	0.75 (28)	2.50 (91)	4.25 (156)	3.25 (119)	11.25 (83)	20000	100
甜椒	0.40 (20)	1.80 (90)	1.10 (55)	0.70 (35)	0.60 (30)	4.60 (46)	50000	55
马铃薯	0.08 (4)	1.00 (50)	1.08 (54)	0.50 (25)	0.17 (9)	2.83 (28)	60000	50
香瓜	0.20 (10)	0.60 (30)	1.60 (80)	2.80 (140)	0.80 (40)	6.00 (60)	25000	50
西瓜	0.83 (41)	1.67 (84)	3.33 (166)	6.67 (333)	2.50 (125)	15.00 (150)	12000	75
甘蓝	0.10 (8)	0.20 (16)	0.80 (63)	1.90 (150)	0.60 (47)	3.60 (56)	50000	29
花椰菜	0.10 (8)	0.20 (16)	0.50 (40)	2.00 (157)	1.40 (110)	4.20 (66)	50000	9
茄子	0.50 (14)	3.25 (89)	2.00 (55)	2.50 (69)	1.50 (41)	9.75 (54)	20000	40

①括号里的数字是不同相对生长阶段通过灌溉施肥农作物每日累积吸氮量［毫克/（株·天）］。这一数值包括了供植物根系消耗的额外的10%的量。

②皮棉产量。

（二）磷元素

用于灌溉施肥中的磷肥必须是完全可溶性的。常用的磷肥类型有磷酸钾或磷酸铵盐、磷酸脲或者工业磷酸。在磷酸盐工业中，可溶性聚磷酸盐化合物是很常见的，但作为肥料使用仍然有限。

表 用于灌溉施肥的磷肥的性质

名称	磷酸(75%)[①]	磷酸脲	MKP[②]	酸化 MKP[③]	MAP[④]
化学式	H_3PO_4	$(NH_2)_2COH_3PO_4$	KH_2PO_4	$KH_2PO_4 + H_3PO_4$	$NH_4H_2PO_4$
pH 值(1%溶液)	0	1.8	4.5	2.2	4.3～4.5
P_2O_5(%)	52～54	44	51.5	60	61
K_2O(%)	0	0	34	20	0
$N-NH_2$(%)	0	17.5	0	0	0
$N-NH_4$(%)	0	0	0	0	12
备注	避免金属材料	避免金属材料	对金属材料安全	避免金属材料	对金属材料安全

①工业磷酸；
②MKP（磷酸二氢钾）；
③酸化的 MKP-磷酸二氢钾与磷酸的一种混合物；
④MAP（磷酸一铵）。

1. 磷酸

磷酸在工业生产过程中的应用非常普遍，如用来清洁金属表面。磷酸的相对密度为 1.6，通常装在塑料容器中。在灌溉施肥中，磷酸用于清洗灌溉施肥管道和开关滴头中的无机沉淀，同时也提供了植物生长所需的磷肥。与浓硝酸或硫酸相比，其操作更为安全。然而，磷酸是高浓度酸，操作过程中的防护措施是十分必要的，例如，需要戴上护目镜和手套，以防止溅到皮肤和衣服上。由于它是高浓度磷源，在田间施用时需要一个分液的输送泵。

2. 聚磷酸盐肥料

"聚"一字是指这种物质的分子结构中含有 1 个以上的磷原子。只有 1 个磷原子的化合物被称为"正磷酸盐"；通过加热，去除水分子，生成的 1 个磷化合物分子中含有 2 个磷原子，被称为"焦磷酸盐"；当化合物中含有 3 个或 3 个以上磷原子时，就成为"聚磷酸盐"。焦磷酸盐是高浓度液体肥料聚磷酸铵（APP）的主要形态。当 APP 施入土壤后，焦磷酸盐就会水解成正磷酸盐。在化肥工业领域，聚磷酸盐肥料是在有氨存在的条件下加入高浓度液态磷肥而生成的，其氮、磷、钾养分组成为 10-34-0 或 11-37-0。磷的相对浓度越高，其单位运输成本越合适。然而，植物只能吸收 H_2PO_4 形态的磷，这就意味着聚磷酸盐肥料在植物吸收之前必须转化成一价磷形态。该反应需要酸性环境提供质子（H^+）。质子的主要供应者为根系本身，它能够在吸收 NH_4^+-N 过程中向土壤释放 H^+，H^+ 的产生促进聚磷酸盐的分解，将其转化为植物可吸收利用的一价磷酸盐。在钙质土壤中，P 素半衰期（降解 50%）为 14～21 天。这个半衰期非常长，因此 5 个半衰期（70～100 天）才能将 90% 的磷转化成植物可吸收的形态。土壤中根系周围微观尺度的 pH 值是持续变化的，所以，通过将风干土壤重新湿润，并在实验室内测定 pH 值，不能反映根系周围微观 pH 值的变化。

3.磷酸二氢钾（MKP）（KH_2PO_4）

磷酸二氢钾是一种包含氢氧化钾和磷酸的水溶性盐。它含有 51.5% 的 P_2O_5 和 34% 的 K_2O。当需要每天在砂质土壤耕作中供应磷时，磷酸二氢钾常常用作灌溉施肥的磷素肥料。由于非常低的盐残留，磷酸二氢钾特别适合在盐化大田土壤中使用。

4.磷酸二氢钾＋磷酸混合物（KH_2PO_4＋H_3PO_4）

磷酸二氢钾＋磷酸混合物是近年来新引入的化肥，其 P_2O_5 浓度可达到 60%，并能增加酸度，以防止使用硬水（高钙含量）作为灌溉水源时可能造成的磷沉淀和灌溉管道的堵塞。

5.磷酸一铵（MAP）（$NH_4H_2PO_4$）

磷酸一铵肥料含有 61% 的 P_2O_5 和 12% 的 NH_4^+-N，大田的灌溉施肥常常用其作为磷源。在水田系统中，当 NH_4^+ 对植物无害时，它可以保持酸性溶液的 pH 值。如果种植的农作物对 NH_4^+ 非常敏感，像水培生菜，那么，在水溶液中使用磷酸铵时需要特别谨慎。在泥炭或土壤做基质栽培农作物时，硝化作用占优势，施用这种肥料通常是安全的。

表　部分大田作物和蔬菜不同相对生长阶段对磷的吸收

农作物	相对生长阶段/%					总吸收量/（克/株）	株数/（株/公顷）	预期产量/（吨/公顷）
	0～20	20～40	40～60	60～80	80～100			
	吸收量[1]/（克/株）							
棉花	0.17 (5.2)	0.24 (7.7)	0.80 (25.8)	0.44 (14.2)	0.17 (5.2)	1.80 (11.6)	25 000	1.3[2]

续表

农作物	相对生长阶段/%					总吸收量/（克/株）	株数/（株/公顷）	预期产量/（吨/公顷）
	0~20	20~40	40~60	60~80	80~100			
	吸收量①/（克/株）							
玉米	0.07 (2.9)	0.30 (13.2)	0.28 (12.1)	0.25 (11.0)	0.10 (4.4)	1.00 (8.8)	60 000	8
番茄	0.03 (1.1)	0.05 (1.8)	0.17 (6.2)	0.45 (16.5)	0.25 (9.0)	0.95 (7.0)	20 000	100
甜椒	0.03 (1.5)	0.10 (5.0)	0.20 (10.0)	0.08 (4.0)	0.04 (2.0)	0.45 (4.5)	50 000	55
甜瓜	0.02 (1.1)	0.08 (4.0)	0.20 (10.0)	0.32 (16.0)	0.20 (10.0)	0.82 (8.2)	25000	50
茄子	0.03 (0.8)	0.12 (3.3)	0.18 (5.0)	0.42 (11.5)	0.35 (9.6)	1.10 (6.0)	20000	40

①括号里的数字是不同相对生长阶段通过灌溉施肥，农作物每日累积吸磷量［毫克/（株·天）］，这一数值包括了供植物根系消耗的额外的10%的量。

②皮棉产量。

（三）钾元素

钾是农作物必需的大量的基本元素，广泛分布在植物的很多部分。钾在植物体中存在的形态从不发生变化，从来都是以 K^+ 形式存在的。钾作为阳离子在植物木质部导管中移动，主要靠硝酸盐来平衡。在植物叶片中，硝酸盐被新陈代谢掉了，钾随着有机阴离子向下移动到植物根部。

1. 钾和土壤颗粒的相互作用：吸附、解吸和固定

钾在岩石、土壤和溶液中以稳定的阳离子（K^+）形式存在，带一个正电荷。K^+ 是花岗岩的组成成分，也是伊利石黏土颗粒的组成成分，占其颗粒含量的6%左右。几乎在所有的黏粒中都含有交换性阳离子，但一般不超过黏粒阳离子交换量的3%。当通过施肥提高土壤溶液中的钾离子浓度时，钾离子通常有3种存在方式：①土壤溶液中；②吸附在土壤黏粒表面；③固定在黏土颗粒内部空间。

土壤溶液中的钾离子和吸附在黏粒表面的钾离子经常发生交换，维持一种瞬时的平衡状态。但是，"被固定"的钾离子和"被释放"的钾离子之间很少交换，不能满足植物根系对钾素的吸收需求。因为被固定的钾离子变成释放态的钾离子非常缓慢，不能满足农作物生长发育对钾素的需求，所以需要通过施肥

添加外源性的钾素。特别是在滴灌施肥的情况下，施用钾肥就更为重要，因为活性根只占土壤容积的很小一部分，不是所有的土壤中的钾都能被农作物生长发育所利用。

2.用于灌溉施肥的钾肥

有4种钾素肥料可以用于灌溉施肥：氯化钾（KCl或者MOP）、硫酸钾（SOP）、磷酸二氢钾（MKP）和硝酸钾（KNO_3）。这种排列顺序也显示了其阴离子满足农作物营养需求的重要性越来越高。

氯化钾是世界上资源最丰富的钾素肥料，可溶于水，溶解速度快，容易和其他的氮素肥料混合。反对使用氯化钾的理由通常是认为它含有氯离子（Cl^-）。施用氯化钾带入的氯离子有可能对那些对氯敏感的农作物有影响，比如氯离子影响烟草的燃烧质量。在其他绝大多数农作物上，KCl都是可以使用的。KCl也常常作为最便宜的钾源，用于生产复合肥料。

硫酸钾（K_2SO_4）广泛用于含盐条件下。当只有"软水"作为灌溉水源时，这时的灌溉水含钙量很低，用硫酸钾作为肥料就很好。当灌溉水中的钙含量很高时，使用硫酸钾就容易在灌溉管线中形成石膏类的沉淀物质，堵塞滴头。

磷酸二氢钾用于灌溉施肥不仅可以作为钾源，也是另外一种磷源。因为灌溉施肥中农作物需要的磷素量往往只有需钾量的10%，所以磷酸二氢钾在灌溉施肥中往往作为磷源而不是钾源。

硝酸钾在高于20℃时溶解性非常好，而且从农作物养分吸收的角度看，硝酸钾的K∶N比非常合适。如果在大田条件下，储藏硝酸钾溶液的容器放置在室外，需要给予更多的关注，因为硝酸钾在夜间低温条件下，可以在储肥罐里形成沉淀。

表　不同作物对钾的吸收情况

农作物	相对生长阶段/%					总吸收量/（克/株）	株数/（株/公顷）	预期产量/（吨/公顷）
	0～20	20～40	40～60	60～80	80～100			
	吸收量[①]/（克/株）							
棉花	0.60 (20)	2.00 (65)	3.60 (117)	0.60 (20)	0.20 (7)	7.00 (45)	25 000	1.3[②]
玉米	0.25 (11)	1.83 (80)	1.00 (44)	0.33 (14)	0.08 (4)	3.50 (31)	60 000	8
甘蔗	0.50 (11)	0.60 (13)	0.70 (15)	1.80 (40)	0.60 (13)	4.20 (19)	50 000	140

续表

农作物	相对生长阶段/%					总吸收量/ （克/株）	株数/ （株/公顷）	预期产量/ （吨/公顷）
	0～20	20～40	40～60	60～80	80～100			
	吸收量[1]/（克/株）							
番茄	0.70 (25)	0.80 (30)	3.50 (128)	7.00 (256)	4.50 (165)	16.50 (121)	20 000	100
甜椒	0.50 (25)	2.00 (100)	1.40 (70)	1.40 (70)	0.40 (20)	5.70 (57)	50 000	55
马铃薯	0.20 (10)	0.80 (40)	1.80 (90)	1.50 (75)	0.40 (20)	4.70 (47)	60 000	50
香瓜	0.40 (20)	1.20 (60)	4.00 (190)	4.40 (220)	2.00 (100)	12.00 (120)	25 000	50
茄子	0.75 (21)	5.00 (138)	3.00 (82)	1.75 (48)	1.00 (28)	11.50 (64)	20 000	40

①括号里的数字是不同相对生长阶段通过灌溉施肥农作物每日累积吸钾量 [毫克/（株·天）]，这一数值包括了供植物根系消耗的额外的 10%的量。

②皮棉产量。

（四）灌溉施肥中的中量元素营养

中量元素这一概念指的是钙（Ca）、镁（Mg）、硫（S）等元素，它们与氮、磷、钾等大量元素比起来，其对植物的重要性居于第 2 位。但是，部分植物对钙、镁、硫的需要量甚至超过了对磷的需求。下表列出了部分农作物对中量元素的需求量。

表　代表性农作物对钙、镁、硫的吸收

元素	符号	吸收形态	吸收量/（千克/吨）[1]
钙	Ca	Ca^{2+}	5（0.5%）
镁	Mg	Mg^{2+}	2（0.2%）
硫	S	SO_4^{2-}	1（0.1%）

①大多数植物的有效浓度。

在绝大多数碱性和弱酸性土壤中，Ca 和 Mg 的有效性及其向植物根系的运输是通过土壤溶液中的质流完成的。因为很多原因，通过质流输送到植物根部的 Ca 和 Mg 比植物根系的吸收量要多得多。这样 Ca 和 Mg 就富集在植物根部。一些中量元素通过使用氮磷钾等大量元素肥料将其带入土壤。

在播种前施用大量元素肥料比如硫酸铵时，施入土壤中的 S 和 Ca 的量比 N 和 P 的量还要高，而这时候植物吸收 S 和 Ca 的量少于 N 素。从重量上说，普通过磷酸钙含 Ca 和含 S 量超过含 P 量。所以，农业上施用 Ca、Mg 和 S 等元素肥料，在重要性上不如大量元素肥料。但是，在酸性土壤上施用 Ca、Mg 和 S 是头等大事，因为酸性土壤常常缺 Ca，P 素也通常被土壤固定。

表　施用 N、P、K 肥料时带入的中量元素

肥料	大量营养元素	中量营养元素
普通过磷酸钙	P_2O_5	Ca^{2+}、SO_4^{2-} 和一些微量元素
重过磷酸钙	P_2O_5	Ca^{2+} 和一些微量元素
硫酸铵	N	SO_4^{2-}
硫酸钾	K_2O	SO_4^{2-}

1. 钙（Ca）

植物中钙的行为特征非常特别。土壤溶液需要持续不断地供应 Ca 以满足植物根系生长的需要。Ca 总是从植物根部向上移动，它是唯一一种不会在韧皮部从叶片向根部或者向正在膨大的果实移动的元素。所以，只要植物根区缺钙就会导致植物根系伸长区细胞死亡。这是酸性土壤上植物根系不发达的主要原因，也是要在酸性土壤上施用碳酸钙（$CaCO_3$）或石灰以降低土壤酸性、促进根系生长的原因。在灌溉施肥中，硝酸钙是主要的 Ca 源。当灌溉水中的 Ca 含量很低时，灌溉施肥系统中必须添加钙元素肥料。在旱作地区或者碳酸盐丰富的土壤上，如果要在灌溉施肥系统中添加钙肥的话必须非常小心，因为含钙高的灌溉水可能会引起碳酸钙沉淀从而堵塞滴头，特别是在每次灌溉结束前没有用足够的清水冲洗管道中的残留物的情况下更容易发生这种情况。

2. 镁（Mg）

因为镁在植物叶绿体中起核心作用，所以人们都知道镁是植物的必需元素。同时，它在植物的新陈代谢中也发挥着重要作用，包括蛋白质的合成、高能化合物 ATP 的合成和活化，以及碳水化合物在植物体中的分配等等。在碱性土壤条件下，黏土矿物主要是蒙脱石，镁含量占其晶格重的 6% 左右。所以，这种黏土矿物可以持续地、缓慢地向土壤溶液中供应 Mg。

（五）镁肥主要的有效形态

① 硫酸镁石（$MgSO_4 \cdot H_2O$）：是一种自然形成的矿物，在酸性土壤中用

作可溶态的镁肥，含白云石的石灰石，煅烧镁和熔融磷酸镁。

② 可溶态镁肥：硝酸镁 $[Mg(NO_3)_2 \cdot 6H_2O]$ 和硫酸镁 $[Mg(SO_4)_2 \cdot 7H_2O]$ 是灌溉施肥中常用的可溶态镁肥。

通过灌溉施肥施用铵态氮时可能会与镁的吸收产生竞争关系，从而引起植物缺镁。镁和铵态氮的这种竞争关系常常发生在黏粒含量很低的砂质土灌溉施肥的情况下。

第八节　微量元素

一、缺素表观现象

植物缺乏微量元素时首先在嫩叶的叶尖部分出现症状，与缺乏氮、磷、钾大量元素时在植物下部的老熟叶片出现的相关症状不同。大量元素都集中在新的正在生长的植物组织中。当缺乏这些大量元素时，植物的分生组织将老叶中的大量元素运移到新长出的植物器官中。与这种解释相一致，植物缺氮时植物下部的老熟叶片黄化（有时也叫黄萎病），当缺乏微量元素铁时，黄萎病出现在植物上部的、顶点的嫩叶上。

二、灌溉施肥中的微量元素营养

植物体中需要的相对氮、磷、钾来说少很多的营养元素称为微量元素，有时也被称为痕量元素。植物吸收的二价阳离子微量元素有铁（Fe^{2+}）、锰（Mn^{2+}）、铜（Cu^{2+}）和锌（Zn^{2+}），吸收的阴离子有 MoO_4^{2-}、$B(OH)_3$ 或者 $B(OH)_4^-$。

三、灌溉施肥中的微量元素肥料

Fe、Cu、Zn 和 Mn 非常容易和土壤黏粒及土壤其他成分发生反应，所以，当微量元素肥料以无机硫酸盐这样最简单的无机盐形式施入土壤时，它们的有效性就急剧下降，而且，在绝大多数情况下，很快转化为无效态。然而，如果以螯合态施入，金属元素会从螯合物中释放出来，在植物根系表面一直保持植物能吸收利用的有效形态。而且，当它们被吸收进植物体内时，它们就和植物体内的有机酸，比如果酸，形成果酸盐，并以这种复合形态通过木质部从根部运输到其他组织中。植物能产生大量的这种复合物质，促进特定的微量元素的吸收和转运。

（一）硼（B）

和上面讨论的金属微量元素不同，任何酶中都不含有 B，但是缺硼却会严重抑制植物的生长发育。举例来说，移到无 B 的溶液 100 小时后，植物根系停止生长。另外，B 对花粉发芽、花粉管伸长和生殖细胞有丝分裂影响明显。B 对 Ca 的植物代谢和利用效率非常重要。在纯的灌溉施肥溶液中，B 以硼酸 $[B(OH)_3]$ 或者硼酸根离子 $[B(OH)_4^-]$ 的形态存在。在植物细胞质中（pH 值为 7.5），超过 98％的 B 以 $B(OH)_3$ 的形态存在，在液泡中（pH 值为 5.5），99.95％的 B 以 $B(OH)_3$ 的形态存在。植物根部的 pH 值影响 B 的吸收。pH 值高于 8 时，B 的吸收有 1 个明显的拐点并快速下滑，说明植物吸收 B 的形态是 $B(OH)_3$。

（二）氯（Cl）

氯被认为是植物的必需元素。但是，Cl 的需求量很低，因为植物可以从土壤溶液和灌溉水中吸收大量的 Cl^-，所以 Cl 不太可能缺乏。缺乏 Cl 的情形大多发生在远离海洋的地方，因为那里的降水中没有含 Cl 等微量元素的海相悬浮物。在植物体内部，光合作用中的水解必须有氯的参与，同时 Cl 和 Mn 一起构成植物体内光合系统Ⅱ的氧气释放中心（OEC）。Cl 还在植物吸收的营养元素阴离子和阳离子的离子电荷平衡方面扮演着重要角色。在盐水中通常含有大量 Cl，大量 Cl 累积在植物叶片上可能会给植物带来毒害作用，引起敏感植物坏死。

（三）铜（Cu）

铜是负责光合作用的植物细胞叶绿体的组成成分。铜是典型的植物必需营养元素，虽然需求的数量很少，但对光合作用非常重要。在土壤中，特别是当 pH 值大于 7.0 时，铜被土壤有机质固定，减少了铜对植物的有效性。但是，在应用营养液膜栽培技术（nutrient film technique，NFT）和水培技术时，植物有效态铜的含量每立方米高于数克时就会带来诸如"铜休克"（copper shock）等铜中毒现象。所以，非常严格地控制灌溉施肥溶液中的铜含量是十分必要的。

（四）铁（Fe）

一般来说，在通气良好的土壤中，Fe 以难溶形态，如氢氧化铁 $[Fe(OH)_3]$

的形式存在。当根系附近的土壤 pH 值较低时，比如在植物吸收硝态氮的情形下，这时可能有足够的铁能满足植物的需要。虽然通常较高的碳酸钙含量会降低 Fe 的有效性，但在根系附近土壤 pH 值较低的情况下，即使土壤碳酸钙含量达到 95％，植物也不会缺铁。铁一旦进入植物体内，就会和无机酸形成化合物，比如柠檬酸铁，并转运到植物细胞特定的点位。植物缺铁最常见的症状就是在植物顶部出现新叶的黄化现象（黄萎病）。这种情况特别是在 pH 值大于 8.0 的钙化土壤上非常明显，常常称为石灰引起的黄萎病。有时候，分析测试发现植物叶片中含铁量很高，但依然有缺铁现象影响植物生长，所以，叶片中的铁的功效有延迟现象。植物形成了 2 种吸收铁的方式：

① 方式 I 是除了草以外的所有的植物吸收铁的方式。先是在植物根系质膜上的一种叫作铁螯合还原酶的作用下，将 Fe^{3+} 还原成 Fe^{2+}。然后 Fe^{2+} 通过根系表皮细胞膜运输到其他组织。这种吸收铁的机理被 Chaney 等在大豆上得到了验证。

② 方式 II 是只在草上发现的植物吸收铁的方式。高铁载体化合物是铁的配合基，当草在缺铁的情况下，其根系分泌出这种载体。在灌溉施肥中，像 Cu、Fe、Mn 和 Zn 这些金属微量元素，大多数都是以 EDTA 螯合态施用。EDTA 螯合态的金属微量元素化合物在 pH 值低于 7.0 的情况下，绝大多数都很稳定。用于碱性土壤（pH 值＞7.0）上的稳定螯合态铁通常为 EDDHA。要用于灌溉施肥的话，只能用铁的螯合态化合物。

（五）锰（Mn）

Mn 是植物体内叶绿体中光合系统 II 的氧气释放中心（OEC）所必需的元素，其基本功能是在光合作用过程中将水光解为电子（e^-）、氢（H^+）和氧（O_2）。电子（e^-）用于生成 ATP 形式的能量物质，氢（H^+）与二氧化碳形成碳水化合物（糖）和将硝态氮还原为铵态氮（在叶绿体中发生）。

所以，锰是植物生长发育过程中碳水化合物和蛋白质合成的功能因子。灌溉施肥过程中，Mn 要在土壤溶液中保持一定的浓度有一系列的问题。有研究表明，给植物施入 Mn^{2+} 后很短时间内（以秒或者分钟计），土壤溶液中的 Mn 浓度就快速下降到缺乏的程度。这是由负电荷表面和黏土颗粒的快速吸附反应导致的结果。灌溉表土层的良好通气条件有利于形成氧化锰（Mn^{3+} 和 Mn^{4+}，这些不溶矿物降低了 Mn 的可溶性，使 Mn 浓度降到较低的水平。所以，当评估吸附、沉淀和氧化反应的相对重要性时，必须考虑反应的动力学问题。在灌溉施肥条件下，Mn^{2+} 的溶解性受 pH 值有关反应的控制，比如吸附反应和氧化反应。沉淀反应的作用，包括形成 Mn^{2+}-P 或 Mn^{2+}-碳酸盐，作为移除 Mn^{2+} 的促进因素，可能没有那么重要。在施用后数秒到几个小时的时间内，Mn^{2+} 的可溶性受瞬间吸附作用的控制，但是，经过一段时间后，生物 Mn^{2+} 的氧化作用的重要性上升了，变成 Mn^{2+} 移除的主要控制机制。

（六）钼（Mo）

钼是硝酸还原酶的共同影响因子。在这方面，对植物的硝酸盐的新陈代谢来说，钼是必不可少的。对植物吸收来说，有 1 个 Mo 的阴离子吸收进入植物体的同时，就有 100 万个硝酸根离子进入植物体。一般来说，在肥料的配方中都不添加 Mo，除非经过验证植物出现了缺钼导致的症状。

（七）锌（Zn）

因为植物对锌的吸收受锌的有效性而不是土壤中锌的总含量的影响，所以经常发生植物缺锌的情况。pH 值大于 7.5 和较高的碳酸钙含量，较低的有机质含量和较低的土壤水分含量，是锌对植物有效性的主要控制因素。锌对控制植物组织伸长和扩展的生长素的合成非常重要。缺锌症状包括茎和枝条生成簇叶和小叶，叶片很小和发育不良。

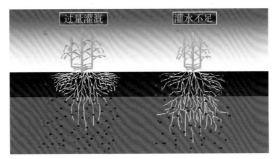

图 不同施肥方式对农作物的影响

图 不同农作物缺乏矿质元素的症状

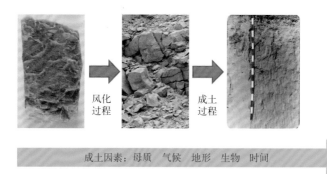

风化
过程

成土
过程

成土因素：母质　气候　地形　生物　时间

图　土壤形成过程

砂土　　　　　　　　　　黏土　　　　　　　　　　壤土

图　土壤质地

致酸离子

吸附

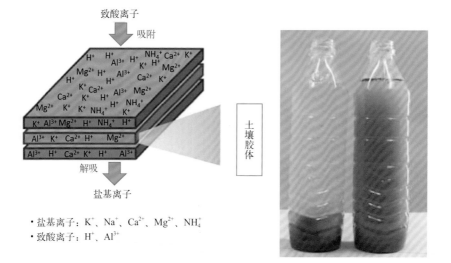

土壤胶体

解吸

盐基离子

• 盐基离子：K^+、Na^+、Ca^{2+}、Mg^{2+}、NH_4^+

• 致酸离子：H^+、Al^{3+}

图　土壤酸化过程示意图

图　土壤酸性对玉米的影响

图　自然和农田土壤盐渍化现象

图　土壤盐渍化形成过程

图　设施农业土壤盐渍化现象

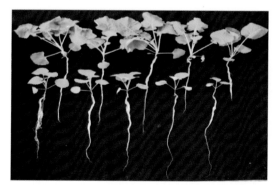

图　正常供氮（上排）与缺氮（下排）培养条件下的油菜幼苗

图　玉米缺磷的症状

图　油菜缺钾的症状

图　番茄缺钙引起的脐腐病

图　大豆缺镁的症状

图　大豆缺硫的症状

图　脐橙叶片缺硼的症状

图　桃树叶片缺铁的症状

图　柑橘叶片缺锌的症状

图　柑橘叶片缺铜的症状

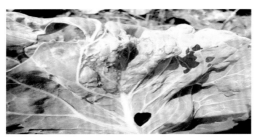

图　甘蓝缺钼的症状

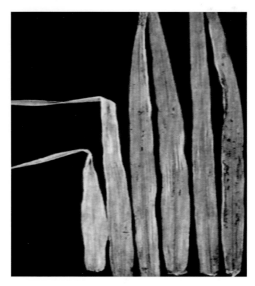

图 水稻缺锰的症状

图 小麦、水稻、玉米常用基肥深施技术